Números dimensionales

UNA FORMA DIFERENTE DE CONCEBIR LOS NÚMEROS

"Es imposible encontrar la forma de convertir un cubo en la suma de 2 cubos, una potencia cuarta en la suma de 2 potencias cuartas o en general, cualquier potencia más alta que el cuadrado en suma de 2 potencias de la misma clase, para este hecho he encontrado una demostración maravillosa, el margen es demasiado pequeño para que dicha demostración quepa en él."
Pierre de Fermat

Fue tan interesante descubrir que la conjetura del margen sí es posible, que escribí este documento porque la explicación no cabía en otro margen
Hugo Rodríguez

Para Adriana, Mariángela y Alberto.

Para Eva porque representa a todas las mujeres que se atreven a probar el fruto del árbol del conocimiento y para Prometeo, de quien se dice nos dio la luz para la búsqueda de la verdad.

Gracias Cynthia Torres Navarrete, por el diseño de la portada.

Índice

Introducción.

Desde el siglo V antes de nuestra era, los griegos antiguos establecieron escuelas iniciáticas en las que desarrollaron gran parte del conocimiento filosófico, aritmético y geométrico que seguimos utilizando hoy en día.

En matemáticas, parte de ese conocimiento consistió en conceptualizar a los números como lineales, poligonales y sólidos, lo que sirvió para avanzar considerablemente en el conocimiento matemático.

Dentro del conjunto de los números poligonales existen diferentes clasificaciones como son los triangulares, cuadrados, pentagonales, hexagonales, etc. Todos ellos llamados así, por la posibilidad de construir arreglos geométricos con el mismo número de elementos que la cantidad que representan.

En este documento se presenta una breve explicación sobre la monada, la diada, la triada y la tétrada pitagórica, que les facilitaron a los griegos modelizar su entorno a través de arreglos geométricos, se abordan algunos principios de la teoría Gestalt que explican porque los griegos fueron capaces de conceptualizar los números usando arreglos con pequeñas piedras llamadas calculus.

Introduce el concepto de números multidimensionales que permite visualizar a todos los números como cuadrados y cubos geométricamente perfectos e incluso, pensarlos como números de dimensión "n".

Y muestra cómo, con los números multidimensionales, el 26 no es el único número que se ubica entre un número cuadrado y uno cúbico, que todos los números primos pueden concebirse como números cuadrados y si se deseara, representarlos con la suma de máximo dos números cuadrados, expresar el teorema de Pitágoras de forma diferente y también, que es posible convertir un cubo en la suma de 2 cubos, una potencia cuarta en la suma de 2 potencias cuartas y en general, cualquier potencia más alta que el cuadrado en suma de 2 potencias de la misma clase.

Para sacarle mayor ventaja a este libro, le recomiendo que antes de empezar vea al menos uno de los siguientes vídeos en YouTube.

- "Fermat, el margen más famoso de la historia" del canal Universo matemático.
- "Qué es el último teorema de Fermat y por qué los matemáticos demoraron 3 siglos en resolverlo" del canal de la BBC.
- "La conjetura de Fermat" del canal derivando.

Los números poligonales.

Se sabe que en la antigüedad el ser humano empleó entre otras cosas, piedras y elementos de materia orgánica compactada para contar. Sin importar la naturaleza de estos elementos fueron llamados "calculus" en latín y sirvieron como base para el desarrollo de la aritmética y la geometría.

A los griegos antiguos de la escuela pitagórica se les atribuye el uso de estos calculus, para formar arreglos simulando líneas, polígonos y sólidos. Estos arreglos les permitieron a los pitagóricos y a otros matemáticos más modernos, conceptualizar y desarrollar conocimientos avanzados en aritmética y geometría e identificar diferentes propiedades y relaciones entre los números.

La imagen 1. Muestra los primeros cuatro números triangulares concebidos por los griegos que son: 1, 3, 6 y 10.

Imagen 1.

En la imagen 2 se muestran los primeros cuatro números cuadrados identificados por los griegos que son:1, 4, 9 y 16.

Imagen 2.

Asimismo, haciendo arreglos como los de la imagen 3, es posible reconocer los primeros cuatro números considerados como pentagonales, que son los números:1, 5, 12 y 22.

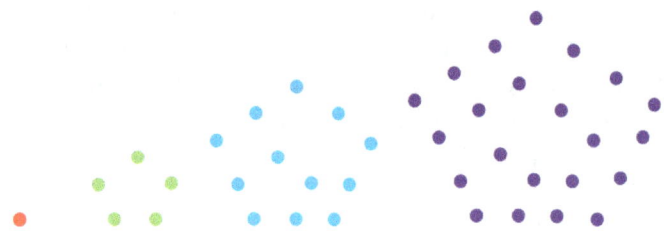

Imagen 3.

Con este tipo de arreglos, los matemáticos de la Grecia antigua concibieron otros números superficiales como hexagonales, heptagonales, octagonales, etc. E incluso, también representaron sólidos. La imagen 4, muestra cómo los griegos usando cuatro y cinco calculus respectivamente, representaron sólidos como el tetraedro o pirámide de base triangular y una pirámide de base cuadrangular.

Imagen 4.

Los griegos modelizaron su entorno pasando de la mónada (la unidad) representada por un solo calculo a la diada (la dualidad) representando lo lineal con dos calculus, de ahí a la triada usando tres calculus ampliando una dimensión para trabajar con figuras en superficies planas y, por último, pasaron de la triada a la tétrada utilizando cuatro calculus, para conceptualizar y trabajar con sólidos en el espacio.

Para los pitagóricos, la unidad era el principio de todo, con lo lineal, con el plano y con el espacio. conjuntaban el todo, no pudieron ir más allá y no necesitaban hacerlo, ya que con estos cuatro conceptos era suficiente para concebir y modelizar su entorno.

Para la filosofía griega, lo perfecto y lo bello era aquello que se encontraba completo y terminado. Para los pitagóricos, la suma de la unidad, la dualidad, la triada y la tétrada integraba el todo y a la suma de éstas la nombraron la tetraktys pitagórica, atribuyéndole al número 10 características de perfección porque representa la conjunción de todo. La imagen 5 muestra la tetraktys pitagórica.

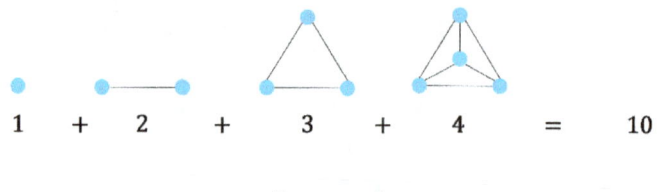

$$1 \quad + \quad 2 \quad + \quad 3 \quad + \quad 4 \quad = \quad 10$$

Imagen 5.

Los trabajos de la escuela pitagórica y de otros matemáticos más modernos permitieron avances significativos en filosofía, aritmética y geometría que no se abordarán en este documento.

Por otra parte, la escuela Gestalt de psicología puede darnos una idea del por qué los griegos fueron capaces de concebir los números lineales, poligonales y sólidos.

La escuela Gestalt.

La escuela de psicología Gestalt surgió en los años 20's del siglo XX, uno de sus postulados más importantes es que el estudio de las cosas debe darse en su totalidad y no en las partes que las componen. La Gestalt atribuye gran importancia a la percepción visual de las cosas como una totalidad y no como elementos aislados entre sí, para la Gestalt el todo es más importante que la suma de las partes.

Para los gestalistas, el cerebro humano es capaz de organizar elementos colocados de manera aislada para integrarlos y configurarlos para darles una forma que le sea más representativa, que le permita darles un significado.

Existen diversos estudios que permiten confirmar esto, uno de los más conocidos es el que utilizó el dibujo del psicólogo danés Edgar Rubin que se muestra en la imagen 6.

Imagen 6.

Si se le pregunta a cualquier persona qué es lo que ve en la imagen anterior, prácticamente nadie menciona: dos manchas negras simétricas en un lienzo blanco. Las respuestas más frecuentes son: que ven algo que podría ser una copa o el perfil de dos personas.

Para explicar esto, la Gestalt estableció que la percepción la conseguimos cuando captamos información a través de los sentidos y la integramos a otros elementos inherentes de la persona, como son la experiencia, el conocimiento, la cultura, el lenguaje, la memoria, los afectos, los miedos, los valores etc. Y postuló algunos principios que permiten explicar porque el cerebro humano, es capaz de integrar elementos para darles una interpretación completa que es diferente a la que podríamos darles de forma aislada.

Estos principios se aplican a muchas áreas de nuestra vida y también nos permiten entender el surgimiento de los números conocidos como lineales, poligonales o sólidos. En este escrito se describen sólo cuatro de los principios de la Gestalt.

Principio de la buena forma o pregnancia.

La pregnancia, es la "Cualidad de las formas visuales que captan la atención del observador por su simplicidad, equilibrio o estabilidad en su estructura".

Según este principio, el cerebro presta más atención a las formas completas, cerradas, simétricas y con buen contraste. Esto permite entender porque en el ejemplo de la imagen 6. A los observadores les resulta más sencillo identificar una copa o dos perfiles.

Principio de cierre.

Este principio hace referencia a que con la imaginación se tiende a completar aquello que se percibe de manera incompleta. Es decir, el cerebro tiende a completar o cerrar lo que se percibe como abierto. Ya que para el cerebro es más fácil trabajar con elementos completos y dar una interpretación significativa como en el dibujo de la imagen 7. La mayoría de las personas pueden imaginar un pentágono sin que éste exista realmente.

Imagen 7.

Principio de buena continuidad.

El principio de buena continuidad menciona que el cerebro buscará la manera más simple y sencilla para identificar patrones. Por ejemplo, en la imagen 8. El cerebro tenderá a identificar con mayor facilidad una "línea recta" aunque cambie de color.

Imagen 8.

Principio de proximidad.

Este principio describe que el cerebro tiende a agrupar e integrar aquellos elementos que estén próximos entre sí. Por ejemplo, en la imagen 9. Se puede describir el patrón de la izquierda como un solo grupo debido a la proximidad de los elementos. En cambio, el patrón de la derecha a pesar de que cuenta con los mismos elementos que el de la izquierda, la distancia entre ellos produce un efecto de lejanía, por lo que podrían percibirse tres elementos independientes.

Imagen 9.

Si bien los principios de la Gestalt nos permiten entender porque los griegos visualizaron los números poligonales, existen contrastes desde la conceptualización geométrica de la antigüedad con la actual. A continuación, se muestran algunos de los contrastes que se presentan con los números cuadrados.

Contrastes entre los números cuadrados de los griegos y los conceptos de geometría en la actualidad.

Geométricamente hablando, un cuadrado puede definirse como un polígono de cuatro lados que tienen la misma longitud y cuyos ángulos internos son rectos o iguales. Así, sin importar la posición de las formas de la imagen 10, como ambas tienen lados con la misma longitud y sus ángulos internos se describen como rectos, es claro que las dos formas son cuadradas.

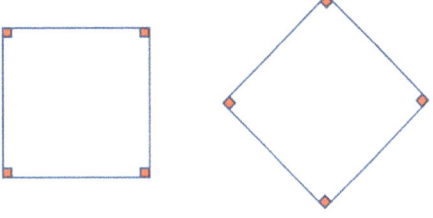

Imagen 10.

Con la definición de lo que es un cuadrado y los principios de la Gestalt, es fácil darse cuenta, porqué ante una disposición de puntos como los de la imagen 11. Es posible imaginar un cuadrado como lo hicieron los griegos de la antigüedad con sus calculus.

Imagen 11.

Desde la perspectiva aritmética en un arreglo como el de la imagen 11, es sencillo percatarse que, si se multiplican los puntos que conforman cualquiera de lo que podríamos considerar los lados, con los puntos de otro lado con el que se forme un ángulo recto. Se obtiene el número de puntos necesarios para conformar el arreglo representado.

En este caso se estarían multiplicando 4 por 4 obteniendo un producto igual a 16. Es decir, se necesitan 16 puntos para representar ese arreglo y como con esos puntos se puede conformar un arreglo de forma cuadrada, se dice que el 16 es un número cuadrado.

A los números cuadrados que se obtienen así. Además, se les considera como cuadrados perfectos porque su raíz cuadrada es exacta. En este ejemplo, la raíz cuadrada del número 16 es 4.

Desde el punto de vista aritmético, la raíz cuadrada de cualquier número cuadrado siempre estará en su base o en cualquiera de sus lados porque todos miden lo mismo.

Esto permite intuir que, si se multiplica cualquier número natural por sí mismo, se obtiene un número cuadrado.

$$n \bullet n = n^2$$

Si se le asigna a n el valor de 1, se sabe que al multiplicar 1 por 1 se obtiene 1 al cuadrado que sigue siendo 1 y su raíz cuadrada también es 1. Sin embargo, si se consulta la definición geométrica que aparece en la página de la real academia española de lo que es un punto, se encuentra que un punto, *"es un elemento geométrico sin dimensiones cuya posición en el plano o en el espacio se localiza mediante sus coordenadas"*.

Entonces, desde el punto de vista lingüístico y geométrico, un solo punto no podría formar un cuadrado, ya que los puntos por definición carecen de dimensiones.

Una suposición que podría ayudarnos a comprender porque todos los números lineales, poligonales y sólidos de los pitagóricos inician con el número 1, puede ser recordar que, desde su perspectiva filosófica, el número 1 era el principio de todas las cosas y porque desde el punto de vista aritmético, sin importar el exponente al que se eleve el 1. Éste siempre será 1.

Sin embargo, en nuestros días, se tiene información y una filosofía diferente a la de los griegos de la antigüedad y también se cuenta con una perspectiva geométrica diferente para concebir los números que podrían considerarse cuadrados. Por ejemplo, tomando en cuenta los principios de la Gestalt, prácticamente cualquier persona podría identificar un cuadrado geométricamente perfecto formado con los ocho puntos de la imagen 12.

Imagen 12.

No obstante, si se multiplican los puntos que conforman una pareja de lados perpendiculares, se estaría multiplicando 3 por 3 = 9. Y si bien el producto es 9, que también es un número considerado como cuadrado perfecto desde el punto de vista aritmético, no coincide con el total de puntos que forman el arreglo cuadrangular de la imagen 12 ni con el área que podría asumirse con ese arreglo.

Como se observa en la imagen 13. Y tomando en cuenta los principios de la Gestalt, es posible conformar arreglos con puntos que representen formas cuadradas solamente simulando su perímetro.

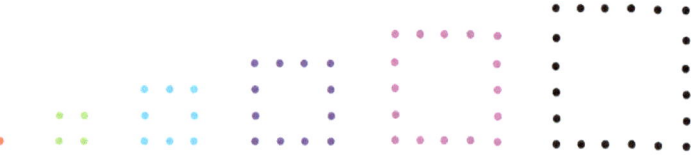

Imagen 13.

La imagen 13 nos permite conformar los mismos cuadrados aritméticos perfectos con menos puntos con excepción del número 1 como lo conceptualizaron los griegos.

El número de puntos necesarios para representar el perímetro de un cuadrado geométricamente perfecto de este tipo se puede determinar con la siguiente fórmula:

$$p = 2n + 2(n\text{-}2)$$

$$\text{Con } n > 1 \wedge n \in \mathbb{N}$$

Es decir, adicionando los productos: el doble de un número "n" más el doble de la diferencia del número "n" menos dos. Considerando que "n" debe ser un número natural mayor de 1. Se obtiene el número de puntos con los que se puede generar el perímetro de un cuadrado.

Como puede verse en la imagen 14. El número mínimo de puntos necesarios para conformar el perímetro de un cuadrado son 4. Con sólo un punto es imposible conformar un cuadrado. Incluso, es indispensable contar al menos con dos puntos para imaginar un segmento de recta, que puede considerarse como una unidad lineal.

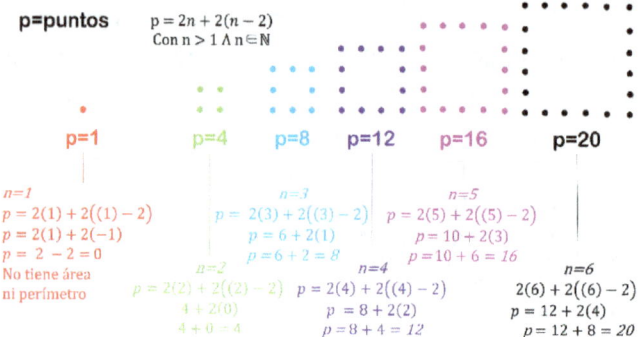

Imagen 14.

La imagen 15 muestra la inconsistencia que se presenta entre la conceptualización de números cuadrados perfectos desde la perspectiva aritmética concebida por los griegos y las definiciones geométricas de la actualidad.

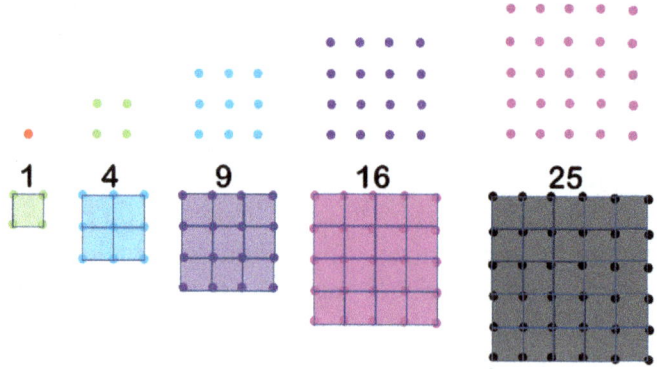

Imagen 15.

En la parte superior de la imagen 15, se presentan los primeros cinco números considerados aritméticamente cuadrados perfectos en los que el número de puntos hace referencia a los puntos necesarios para la conformación de cada arreglo. En la parte inferior se muestran los cinco primeros números que en la actualidad comúnmente se consideran como geométricamente cuadrados perfectos, donde el número de cuadros internos hace referencia al número de unidades de área que corresponden a su superficie.

HUGO RODRÍGUEZ CARMONA.

¿Cómo integrar los conceptos aritméticos y geométricos de la actualidad para trabajar con números cuadrados?

Desde la perspectiva de los griegos, todos los números pueden ser considerados como lineales. Recordemos que para ellos el número 1 era el principio de todo. Con al menos dos puntos (la diada) es posible concebir al segundo número lineal de los griegos, si se siguen agregando puntos en la misma dirección como se muestra en la imagen 16. Puede observarse que la cantidad de los puntos aumenta y que si se multiplica el número de puntos por la unidad (que era el número 1 generador de todo según los griegos). Encontramos el número de puntos que se requieren para configurar cada arreglo lineal.

Imagen 16.

Sin embargo, hoy se sabe que el número mínimo de puntos necesarios para trazar o imaginar el segmento de una recta son dos.

Con la integración de segmentos lineales iguales a 1 es posible calcular la longitud total de un segmento de recta. Por ejemplo, si se definen quince segmentos lineales de longitud igual a 1, multiplicando 15 por 1 obtenemos un producto igual a 15, lo que nos indicaría la longitud total que se tendría al integrar los quince segmentos de longitud 1.

Por otra parte, si bien los números poligonales de los antiguos griegos son muy útiles para abordar situaciones que tienen que ver con sucesiones aritméticas y teoría de números, la realidad es que no funcionan para el cálculo de las áreas que se requieren en geometría.

En la imagen 17 se puede observar que con nueve puntos es posible conformar un cuadrado perfecto. Desde el punto de vista aritmético, si se multiplican los puntos que se incluyen en los lados perpendiculares. Es decir 3 por 3 = 9. Se confirma que con nueve puntos se forma el cuadrado perfecto que se exhibe.

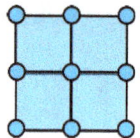

Imagen 17.

Sin embargo, la cantidad de áreas cuadradas que se obtienen contando el número de cuadritos formados entre los puntos es de 4, porque el cuadrado que se forma con nueve puntos tiene longitud de lado 2 (dos segmentos de longitud 1). Así, si se multiplican las longitudes de los lados perpendiculares 2 por 2, se encuentra el número de unidades de área que forman al número cuadrado 4 desde el punto de vista geométrico.

Cuando se trabajan áreas en geometría, éstas se miden en unidades cuadradas que se conforman multiplicando unidades lineales perpendiculares entre sí.

Sabemos que una unidad lineal se representa por un segmento de recta que se delimita por dos puntos como se muestra en la imagen 18.

Imagen 18.

En este caso la unidad lineal está delimitada por los puntos azul y verde. Si se traza un segmento de recta de la misma longitud azul-verde perpendicular al primero haciendo vértice en el punto azul, se obtendría el trazo que se presenta en la imagen 19.

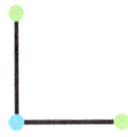

Imagen 19.

Si se multiplican ambas magnitudes lineales se obtiene una superficie cuadrada que se representa con el área morada en la imagen 20.

Imagen 20.

De esta manera, si se le asigna una longitud de 1 al segmento entre los puntos azules y verdes, se obtiene un área morada equivalente a 1 al cuadrado. Y entonces sí, se puede decir que el 1 es un número cuadrado desde el punto de vista geométrico, ya que las longitudes de sus lados son iguales a 1 y podemos imaginar un cuadrado. Más no por el número de puntos que se requieren para formar esa figura.

La forma de empatar los conceptos aritméticos y geométricos es considerando que la unidad lineal básica es 1 y que al multiplicarse por sí misma, se obtiene una unidad de área que es 1 al cuadrado.

En una figura formada con 9 puntos como la que se muestra en la imagen 21, si se asume que la distancia horizontal y vertical entre los puntos tuviera la misma longitud igual a 1, se nota que la longitud total de sus lados sería de 2 y al multiplicar 2 por 2 se obtiene un producto igual a 4, que son las mismas unidades de área (cuadros) que formaría ese arreglo de nueve puntos.

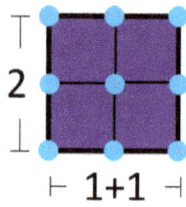

Imagen 21.

De esta manera, con base en la imagen 22. Es posible confirmar que los primeros 5 números cuadrados perfectos generalmente aceptados son los números: 1, 4, 9, 16 y 25. Esto se confirma contando el número de cuadros que conforman cada arreglo y permite tener consistencia entre las perspectivas aritmética y geométrica.

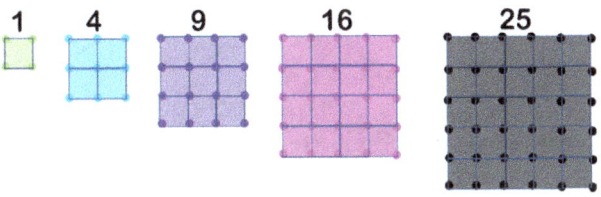

Imagen 22.

Recordemos que por convención y sólo desde el punto de vista aritmético, se acepta que un número cuadrado perfecto se obtiene cuando se multiplica cualquier número natural que represente un lado por sí mismo. Cuando se realiza esta operación se dice que ese número se eleva al cuadrado. También se reconoce, que la raíz cuadrada de cualquier número cuadrado perfecto siempre dará como resultado un número natural.

Observe la imagen 23, si se multiplica 4 por 4 = 16, se confirma que 16 es un número cuadrado, ya que contiene el mismo número de unidades cuadradas, y la raíz cuadrada de 16 es 4. Que es lo que mide la longitud de cualquiera de sus lados en unidades lineales.

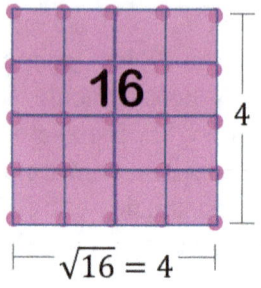

Imagen 23.

Así se podría decir que, para que un número sea considerado cuadrado perfecto desde el punto de vista geométrico, es indispensable poder construir una forma cuadrada con la misma cantidad de unidades cuadradas en su área que las que indica ese número. Desde esta perspectiva no todos los números enteros son cuadrados perfectos. Por ejemplo, resulta imposible construir un cuadrado perfecto con el número 10. Observe la imagen 24. Algunas formas geométricas que podrían construirse con 10 unidades cuadradas serían aparentemente una forma triangular o rectangular porque cada cuadrado representa una unidad discreta que es absoluta.

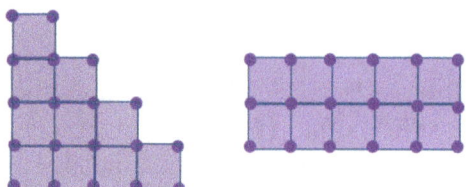

Imagen 24.

Los números cúbicos aritméticamente perfectos.

Así como para calcular áreas o superficies se usa la unidad cuadrada, para calcular volúmenes o capacidades de contención se utilizan unidades cúbicas. Se puede definir como la unidad cúbica elemental, al cubo con aristas de longitud 1. La imagen 25 muestra una imagen de un cubo que representa una unidad cúbica básica con longitudes de aristas iguales a 1.

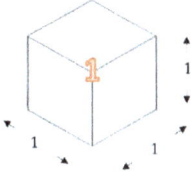

Imagen 25.

Si se multiplican las longitudes de 3 aristas que representen el largo, el ancho y la altura iguales a 1 con las que se forma un cubo se obtiene 1 por 1 por 1. Su producto es 1 al cubo y en este caso ese 1 representaría una unidad cúbica.

$$1 \cdot 1 \cdot 1 = 1^3 = 1$$

Comúnmente se considera que el siguiente número cúbico desde la perspectiva aritmética sería el que se construye con 8 unidades cúbicas, ya que es el producto que se obtiene al multiplicar las longitudes de sus aristas iguales a 2:

$$2 \cdot 2 \cdot 2 = 2^3 = 8$$

La imagen 26 muestra un arreglo de 8 unidades cúbicas que forman un cubo perfecto.

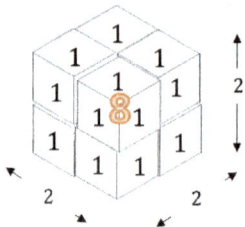

Imagen 26.

Desde el punto de vista aritmético, se puede decir que los números cúbicos considerados como perfectos, se obtienen elevando al cubo a los números naturales y que la raíz cúbica de un número de este tipo será también un número natural.

$$2^3 = n \cdot n \cdot n; \quad \sqrt[3]{n^3} = n$$

Cuando se calcula la raíz cúbica de un número cúbico, se obtiene la longitud de la arista de ese cubo.

La Imagen 27 muestra al número cúbico 27 y cómo se puede calcular su raíz cúbica factorizándolo en los números primos que lo integran.

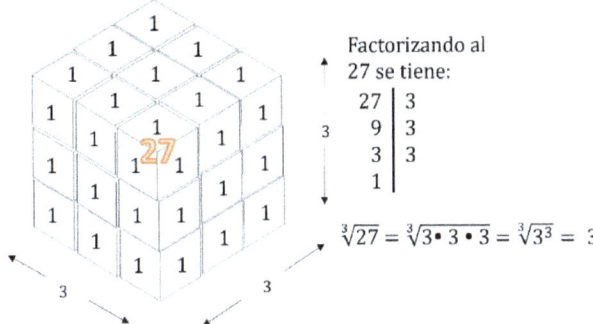

Factorizando al
27 se tiene:

27	3
9	3
3	3
1	

$$\sqrt[3]{27} = \sqrt[3]{3 \cdot 3 \cdot 3} = \sqrt[3]{3^3} = 3$$

Imagen 27.

Desde el punto de vista aritmético, es relativamente sencillo determinar cuáles son los números cuadrados y cúbicos perfectos, sólo se tiene que elevar al cuadrado o al cubo respectivamente cualquier número natural.

La imagen 28 muestra ejemplos de modelizaciones de números lineales, cuadrados y cúbicos considerados como perfectos tomando como base al número 3.

Para obtener un número	Use la fórmula	Observaciones	Ejemplos	
Lineal	n^1	En la práctica no es necesario escribir el exponente.	$3^1 = 3$	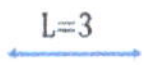 L=3
Cuadrado	n^2	Se usan para determinar superficies	$3^2 = 9$	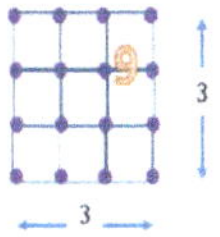
Cúbico	n^3	Se usan para determinar volúmenes o capacidades de contención	$3^3 = 27$	

Imagen 28.

Se podría decir que, una fórmula para obtener una potencia usando números naturales es:

$$P=n^m$$

$$\text{Con } n \wedge m \in \mathbb{N}$$

Considerando que n y m deben ser números naturales. Si el exponente es igual a 2, la potencia que se obtiene es cuadrada y si el exponente es igual a 3 la potencia que se consigue es cúbica.

Si bien un número natural elevado al exponente dos se considera como cuadrado porque puede representarse geométricamente como un cuadrado perfecto. Al parecer…

Hay más números cuadrados de los que nos contaron.

En la antigüedad a los números lineales también se les llamó números laterales y a los números cuadrados se les conoció como superficiales. A los números superficiales de forma cuadrada los subdividían en dos grupos. Uno, el de los superficiales cuadrados y otro el de los cuadrados irracionales, ya que estos últimos eran de difícil comprensión. La imagen 29 fue tomada del libro de Juan Gracian escrito en 1573.

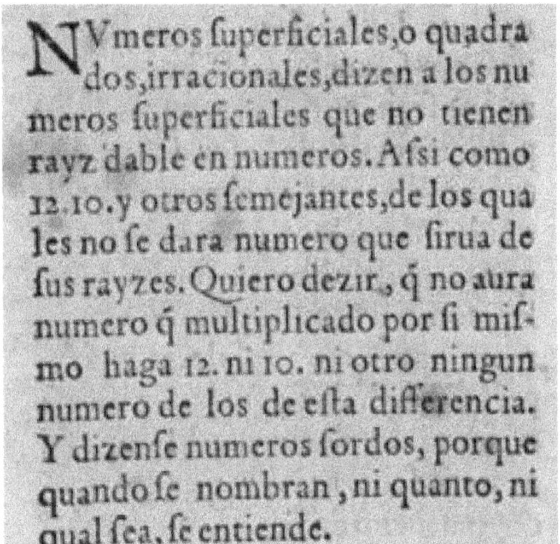

NVmeros fuperficiales,o quadra dos,irracionales,dizen a los nu meros fuperficiales que no tienen rayz dable en numeros. Afsi como 12.10. y otros femejantes,de los qua les no fe dara numero que firua de fus rayzes. Quiero dezir, q no aura numero q multiplicado por fi mifmo haga 12. ni 10. ni otro ningun numero de los de efta differencia. Y dizenfe numeros fordos, porque quando fe nombran, ni quanto, ni qual fea, fe entiende.

Imagen 29.

En la imagen 30 se representan en rojo cuadrados irracionales como aquellos cuyas raíces "*no se dan en números*" como se menciona en el texto de la imagen 29, donde se hace referencia a que no hay números que multiplicados por sí mismos den como producto números como 10 o 12. A este tipo de números que no tienen una raíz cuadrada exacta en 1839 se les seguía conociendo como números sordos, irracionales o inconmensurables (Vallejo 1839).

Otra circunstancia que es prudente establecer es que las longitudes de los lados de un cuadrado son relativas, cada quien las puede definir con base a su conveniencia o realidad. Un cuadrado puede tener longitudes de lado 1, 3, 5… E incluso establecer que los lados pueden medir x+2 o x+y y también formar cuadrados geométricamente perfectos.

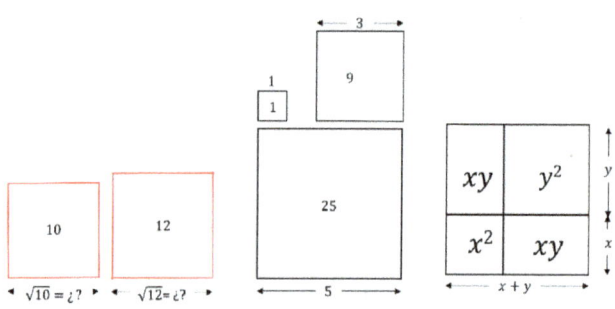

Imagen 30.

Si la característica para determinar si un número es o no cuadrado está en función de concebirlo de forma geométricamente cuadrada. Podemos ampliar nuestra capacidad para imaginar números cuadrados utilizando otros elementos.

Trabajando con el juego Desquebra/2 que diseñé para explicar fracciones y quebrados, es posible formar cuadrados geométricamente perfectos como se muestra en las fotografías integradas en la imagen 31.

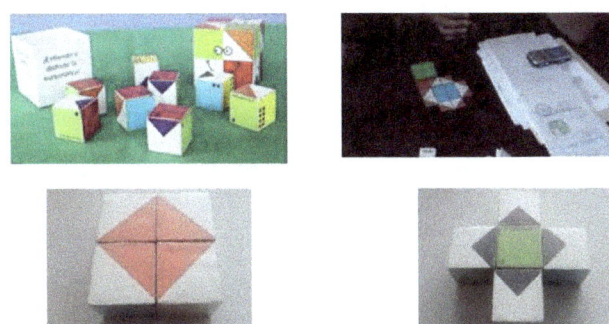

Imagen 31.

Considere lo siguiente: Sabiendo que el que número 1 se puede visualizar como cuadrado perfecto desde las perspectivas aritmética y geométrica porque equivale a una unidad cuadrada como la que se muestra en la imagen 32.

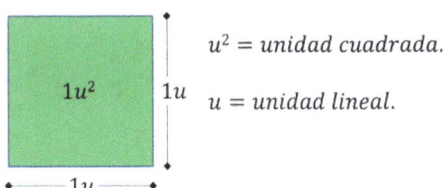

Imagen 32.

Si fraccionamos diagonalmente esa unidad cuadrada como se muestra en la imagen 33. Obtenemos dos triángulos isósceles, cada uno de ellos representaría media unidad de área.

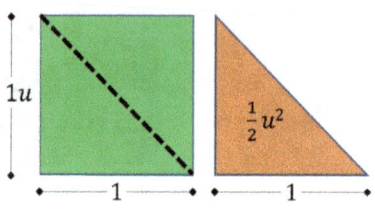

Imagen 33.

Si se suman cuatro triángulos equivalentes a media unidad de área, aritméticamente obtenemos dos unidades de área que pueden conformarse para crear un cuadrado geométricamente perfecto de área 2, con lados de longitud igual a raíz cuadrada de 2 como el que se muestra en la imagen 34.

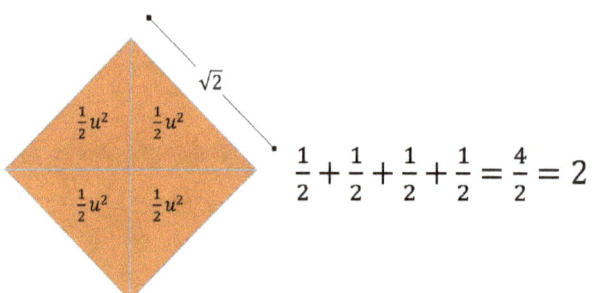

Imagen 34.

También, si se fracciona una unidad cuadrada en cuatro partes en forma diagonal como se muestra en la imagen 35. Se obtienen cuatro triángulos isósceles, cada uno de ellos equivalente a la cuarta parte de una unidad de área. El triángulo morado representaría entonces un cuarto de unidad de área.

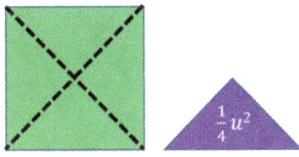

Imagen 35.

Y si se suman una unidad de área con cuatro cuartas partes de una unidad de área, también aritméticamente se obtienen 2 unidades de área que pueden conformar un cuadrado geométricamente perfecto de área 2 como se muestra en la imagen 36.

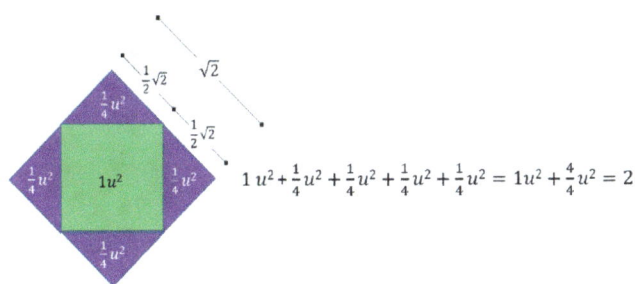

Imagen 36.

Entonces, desde una perspectiva geométrica el entero 2 también es un número que geométricamente es cuadrado perfecto y es evidente que existen un número infinito de números enteros que pueden conformarse como cuadrados geométricamente perfectos. La imagen 37 muestra cinco números geométricamente cuadrados perfectos que no se incluyen en los números cuadrados perfectos desde el punto de vista aritmético.

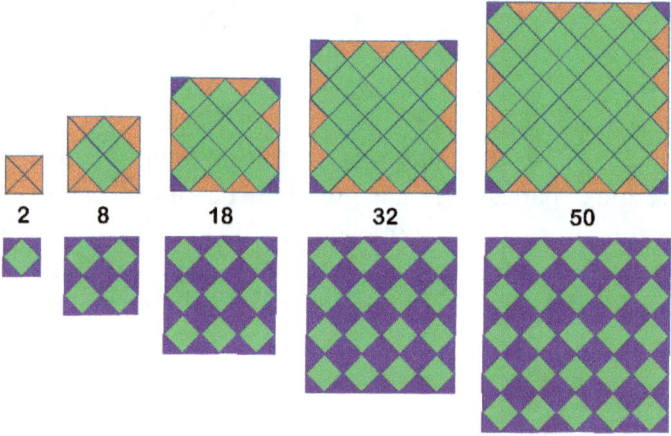

Imagen 37.

¿Cómo generar números geométricamente cuadrados perfectos?

Cuando se traza un cuadrado con longitud de lado raíz cuadrada de dos, encontramos que el área generada con un cuadrado con esa longitud de lado es igual al entero 2. Como se muestra en la imagen 38.

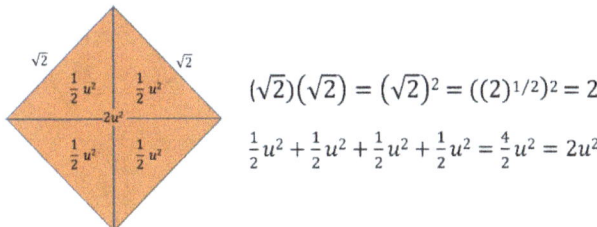

$$(\sqrt{2})(\sqrt{2}) = (\sqrt{2})^2 = ((2)^{1/2})^2 = 2$$

$$\frac{1}{2}u^2 + \frac{1}{2}u^2 + \frac{1}{2}u^2 + \frac{1}{2}u^2 = \frac{4}{2}u^2 = 2u^2$$

Imagen 38.

Con esto en mente, se pueden construir otros cuadrados geométricamente perfectos como los que se muestran en la imagen 39.

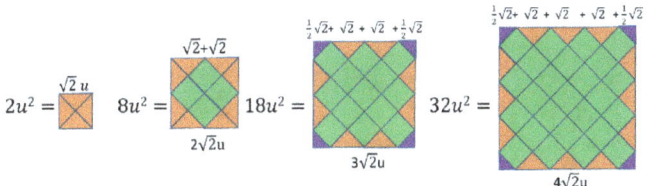

Imagen 39.

Sabiendo que para calcular el área de un cuadrado es necesario multiplicar su lado por sí mismo. Para encontrar el área del segundo y tercer cuadrado de la imagen 39, se tendrían que multiplicar sus lados respectivamente de la siguiente manera:

$$A = \left((2)\sqrt{2}\,u\right)\left((2)\sqrt{2}u\right) = \left((2)\sqrt{2}u\right)^2 = (2)^2 \cdot 2u^2 = 4 \cdot 2u^2 = 8u^2$$

$$A = \left((3)\sqrt{2}\,u\right)\left((3)\sqrt{2}u\right) = \left((3)\sqrt{2}u\right)^2 = (3)^2 \cdot 2u^2 = 9 \cdot 2u^2 = 18u^2$$

Los cálculos anteriores permiten intuir que, todos los números se pueden modelar como arreglos cuadrados.

Como se muestra en los ejemplos de la imagen 40. Si se eleva al cuadrado cualquier número natural y esa potencia se multiplica por otro número natural al que podríamos considerar como el número base para la generación se obtiene un número geométricamente cuadrado perfecto

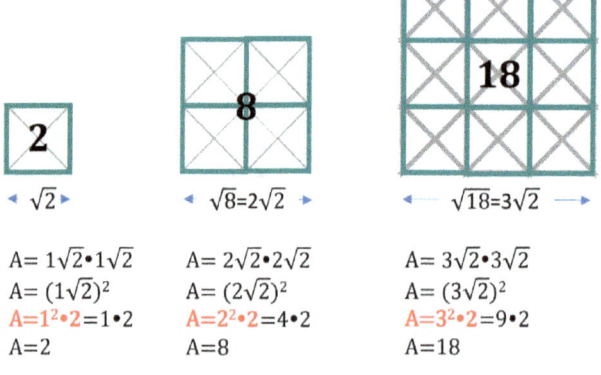

Imagen40.

En todos los ejemplos de la imagen 40, se define que el número base para la generación es el número cuadrado 2 que definí de manera arbitraria. En el primer ejemplo, si se multiplica al 2 por un 1 que sería un arreglo conformado por un arreglo cuadrado de dimensiones 1 por 1. Al multiplicar el número base de generación 2 por 1 al cuadrado, se obtiene el número cuadrado geométricamente perfecto 2.

En el segundo ejemplo de la imagen 40, se multiplica el mismo número base de generación 2 por el cuadrado de 2 que forma un arreglo cuadrado de 4 elementos. De esta manera se obtiene el número cuadrado geométricamente perfecto 8.

En el tercer ejemplo de la imagen 40, también se multiplica el número base de generación 2 por el número 3 elevado al cuadrado que conforma un arreglo cuadrado de 9 elementos, para formar el número cuadrado geométricamente perfecto 18.

Con estos ejemplos es posible definir la fórmula para calcular el área de un número geométricamente cuadrado a partir de cualquier número generador que se defina como cuadrado.

$$A = m^2 b$$

$$\text{Con } m \wedge b \in \mathbb{N}$$

Donde A sería el área generada, m al cuadrado es la magnitud del arreglo y b es el número base que sirve para la generación del número cuadrado.

La imagen 41 muestra algunos ejemplos de números considerados cuadrados perfectos desde el punto de vista aritmético que se generan cuando b es igual a 1. Estos números cuadrados geométricamente perfectos, son los números aritméticamente cuadrados que conocemos comúnmente.

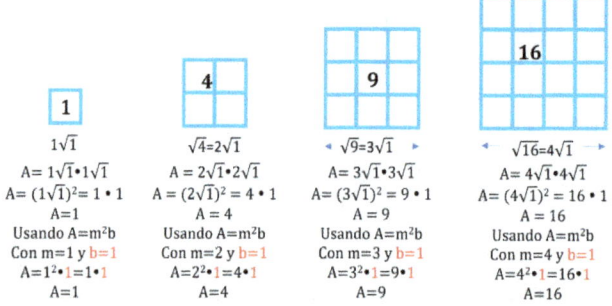

Imagen 41.

Recuerde que A es el área de cualquier número generado, la potencia m al cuadrado indica el número de elementos que conforman un arreglo cuadrangular y b es un número natural que sirve de base para la generación de un número geométricamente cuadrado perfecto. Observe que el número b que sirve de base de generación es un número relativo que no necesariamente tiene que ser 1.

Ahora, imagine que la unidad de generación de un número cuadrado no es la unidad sino cualquier otro número cuadrado como 3, 5, 7 y 11. Como se muestran en la imagen 42.

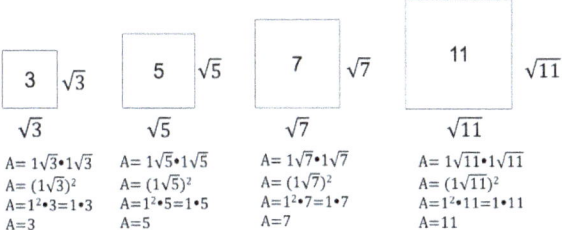

Imagen 42.

Como puede verse en los ejemplos de la imagen 43. Al multiplicar el cuadrado de cualquier número natural por una unidad base de generación definida como geométricamente cuadrada, se obtendrá un número entero geométricamente cuadrado perfecto con un área igual a A.

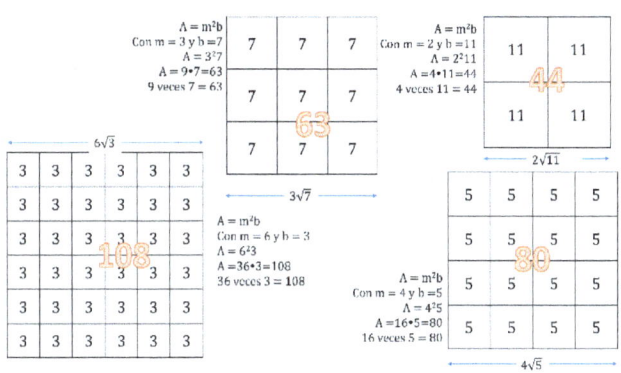

Imagen 43.

Observe que todos los números generados que aparecen en la imagen 43 son enteros que se representan en dimensiones cuadradas geométricamente perfectas y que el número resaltado en su superficie es igual a su área.

Si se establece que la unidad cuadrada que tomamos como base de generación tiene dimensión 3 unidades cuadradas y se multiplica por ocho al cuadrado como se muestra en la imagen 44. Se obtiene el número cuadrado 192.

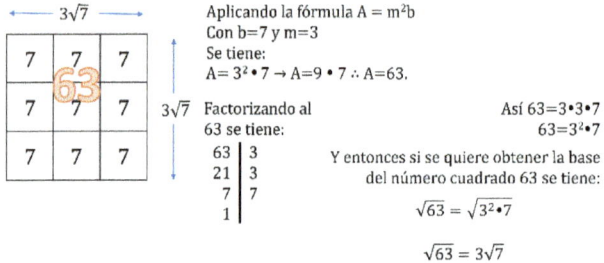

Imagen 44.

Si se define una unidad cuadrada base de generación de magnitud 7 y se considera un arreglo de 3 al cuadrado como se muestra en la Imagen 45. Se obtiene el entero 63 que también es cuadrado geométricamente perfecto.

7	7	7
7	7	7
7	7	7

$3\sqrt{7}$

Aplicando la fórmula $A = m^2b$
Con b=7 y m=3
Se tiene:
$A = 3^2 \cdot 7 \to A = 9 \cdot 7 \therefore A = 63.$

Factorizando al
63 se tiene:

63	3
21	3
7	7
1	

Así $63 = 3 \cdot 3 \cdot 7$
$63 = 3^2 \cdot 7$

Y entonces si se quiere obtener la base del número cuadrado 63 se tiene:

$$\sqrt{63} = \sqrt{3^2 \cdot 7}$$

$$\sqrt{63} = 3\sqrt{7}$$

Imagen 45.

La imagen 46 muestra otro ejemplo que considera al entero 150 como cuadrado geométricamente perfecto formado por un arreglo de 25 unidades que contienen cuadrados de magnitud 6.

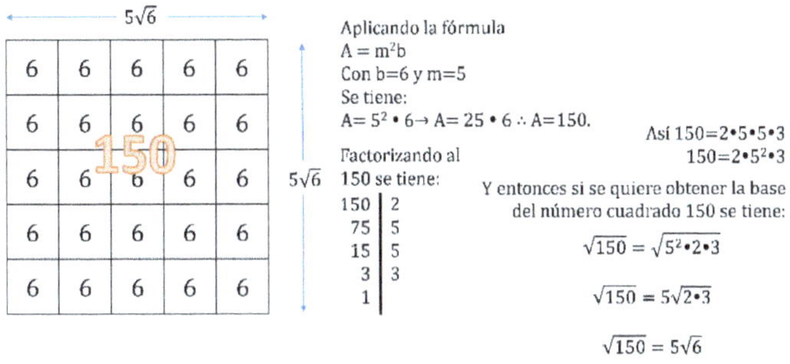

$5\sqrt{6}$				
6	6	6	6	6
6	6	6	6	6
6	6	6	6	6
6	6	6	6	6
6	6	6	6	6

Aplicando la fórmula
$A = m^2b$
Con b=6 y m=5
Se tiene:
$A = 5^2 \cdot 6 \rightarrow A = 25 \cdot 6 \therefore A=150$.

Factorizando al 150 se tiene:

150	2
75	5
15	5
3	3
1	

Así $150 = 2 \cdot 5 \cdot 5 \cdot 3$
$150 = 2 \cdot 5^2 \cdot 3$

Y entonces si se quiere obtener la base del número cuadrado 150 se tiene:

$\sqrt{150} = \sqrt{5^2 \cdot 2 \cdot 3}$

$\sqrt{150} = 5\sqrt{2 \cdot 3}$

$\sqrt{150} = 5\sqrt{6}$

Imagen 46.

En todos los ejemplos se pueden identificar dos factores que forman el lado de los números geométricamente cuadrados. Una parte la raíz cuadrada del número base de generación y la otra, es el número natural que indica el número de veces que debe multiplicarse esa raíz, para obtener la longitud del lado o base de ese número geométricamente cuadrado perfecto.

El número geométricamente cuadrado perfecto 150, está formado por el número cuadrado que sirve de base de generación para formarlo que es el número 6. El producto de la raíz cuadrada de 6 multiplicada por 5 es igual al lado o base del número geométricamente cuadrado perfecto 150. Si se multiplica por sí mismo el producto 5 veces la raíz cuadrada de 6, se obtiene el número entero geométricamente cuadrado 150:

$$A=\left((5)\sqrt{6}u\right)\left((5)\sqrt{6}u\right) = \left((5)\sqrt{6}u\right)^2 = (5)^2 \cdot 6u^2 = 25 \cdot 6u^2 = 150u^2$$

En los casos de los números considerados cuadrados perfectos desde el punto de vista aritmético, no se distingue la parte radical, porque el número que sirve de base para su generación es 1 y su raíz cuadrada también es 1.

Cuando se conceptualizan los números cuadrados geométricamente perfectos, podemos definir un conjunto llamado Áreas Geométricamente Cuadradas Perfectas (AGCP), como las que se forman multiplicando un arreglo cuadrado por el número que sirve como base de generación.

$$AGCP= \{n^2b \leftrightarrow n \wedge b \in \mathbb{N} \}$$

Si se define al conjunto de los números Cuadrados Perfectos (CP) desde la perspectiva aritmética, como aquel que incluye a los números naturales que se elevan al cuadrado, se establece que:

$$CP= \{n^2 , n \in \mathbb{N} \}$$

Entonces se puede afirmar que el conjunto de números cuadrados perfectos es un subconjunto del conjunto de los números Cuadrados Geométricamente Perfectos.

$$CP \subset AGCP$$

Ya que como se ha mencionado, cualquier número aritméticamente cuadrado perfecto se puede obtener con la siguiente fórmula cuando b es igual a 1.

$$n^2 = n^2 b, \text{ cuando } b=1$$

HUGO RODRÍGUEZ CARMONA.

¿Cómo trazar un cuadrado cuyo lado incluye un número irracional?

Es posible que se considere que puede resultar complicado trazar un cuadrado perfecto a partir de un lado que incluye un número irracional como puede ser raíz cuadrada de 2, raíz cuadrada de 3, raíz cuadrada de 5, etc. Sin embargo, como se vio en los ejemplos de los cuadrados perfectos que incluyen a la raíz cuadrada de 2, estos no son tan difíciles de trazar cuando se obtienen las diagonales de cuadrados y rectángulos necesarias.

Para fines didácticos, en la imagen 47 se muestra cómo trazar cuadrados geométricamente perfectos que tienen como base números irracionales. Si se observan los ejemplos, es fácil percatarse que, a partir de la diagonal de un cuadrado de lado igual a 1, se obtiene la longitud exacta de raíz cuadrada de 2, si se traza un rectángulo que tenga como base la raíz cuadrada de 2 y como altura 1, trazando la diagonal de ese rectángulo se obtiene la raíz cuadrada de 3. Tomando como referencia las longitudes de las diagonales que se van obteniendo y conociendo el teorema de Pitágoras, es posible ir encontrando las medidas que se podrían necesitar para trazar cualquier cuadrado geométricamente perfecto.

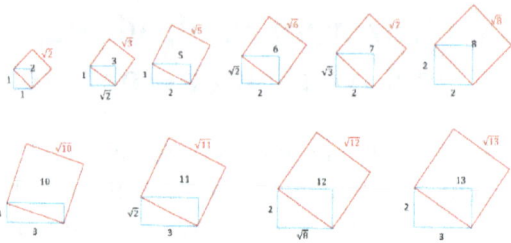

Imagen 47.

Si lo prefiere puede usar software especializado redondeando cantidades. No se preocupe demasiado por la precisión, lo importante es el concepto. De hecho, tendría el mismo problema si quisiera trazar un círculo de área igual a 5 unidades cuadradas, ya que se requeriría contar con un radio como el siguiente:

$$r = \sqrt{\frac{5}{\pi}}$$

Números lineales.

Si se cambia el exponente 2 por 1 en la fórmula para calcular áreas de números geométricamente cuadrados, es posible calcular longitudes con arreglos lineales.

Considere la fórmula para calcular la longitud de un segmento de recta L.

$$L = mb$$
$$Con\ m \wedge b \in \mathbb{N}$$

La longitud total del segmento de recta se obtiene al multiplicar m que es el número de elementos que contiene el arreglo para colocar un número arbitrario b, que es el número que sirve de base para la generación ahora de un número lineal.

Si se define como el número base de generación al número 1 y se multiplica por un número natural m elevado al exponente 1, la longitud de ese segmento será igual al producto resultante.

Definir la magnitud del número base para generar números lineales también es relativo, como se hizo con los números cuadrados, se puede elegir cualquier número como base para la obtención de números lineales.

En la imagen 48 se muestran ejemplos en los que se utilizan diferentes magnitudes en el número base de generación b, para calcular longitudes de segmentos de líneas.

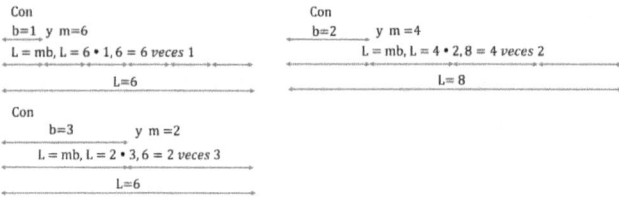

Imagen 48.

En este caso, el producto indica el número de veces m que se repite la magnitud base b para la generación de cada número.

De esta manera, es fácil confirmar que todos los números enteros pueden considerarse como lineales, aunque la magnitud b que sirve de base para la generación sea diferente a la unidad.

¿Y qué hay de los números cúbicos?

Así como para calcular áreas o superficies se usa la unidad cuadrada, para calcular volúmenes o capacidades de contención se utilizan unidades cúbicas. Se puede definir como la unidad cúbica elemental, al cubo con aristas de longitud 1. La imagen 49 muestra una imagen de un Desquebra/2 que representa una unidad cúbica con longitudes de aristas iguales a 1.

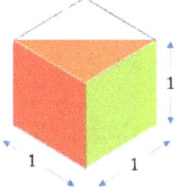

Imagen 49.

Si se multiplican las longitudes de los lados con las que se forman el área de una cara del cubo, por la longitud de la arista que corresponde a la altura, se obtiene 1 por 1 por 1. Su producto es 1 al cubo y en este caso ese 1 representaría una unidad cúbica.

$$1 \cdot 1 \cdot 1 = 1^3 = 1$$

El siguiente número cúbico desde la perspectiva aritmética sería el que se construye con 8 unidades cúbicas, ya que es el producto que se obtiene al multiplicar aristas de longitud 2:

$$2 \cdot 2 \cdot 2 = 2^3 = 8$$

La imagen 50 muestra un arreglo de 8 unidades cúbicas formado con Desquebra/2, que forman un cubo perfecto.

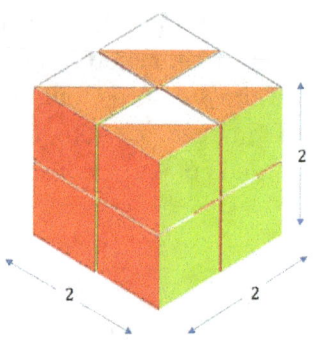

Imagen 50

Como he mencionado, desde el punto de vista aritmético, se puede decir que los números cúbicos considerados como perfectos, se obtienen elevando al cubo a los números naturales y que la raíz cúbica de un número de este tipo será un número natural.

$$n^3 = n \cdot n \cdot n; \ \sqrt[3]{n^3} = n$$

Cuando se calcula la raíz cúbica de un número cúbico, se obtiene la arista de ese cubo.

La Imagen 51 muestra cómo se puede calcular la raíz cúbica del número cúbico 27 factorizándolo en los números primos que lo integran, así encontramos que la raíz cúbica de 27 es 3. Adicionalmente, también muestra que cada arista de este cubo perfecto mide 3 veces la raíz cúbica de 1.

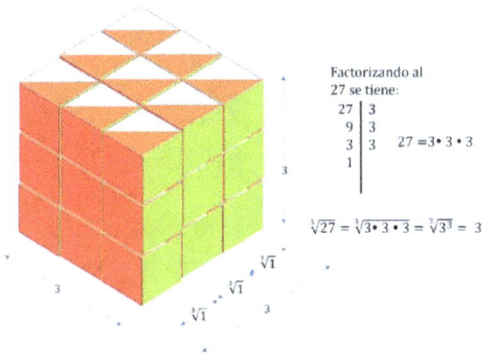

Imagen 51.

Para confirmar que todos los números enteros pueden considerarse como cubos geométricamente perfectos, sólo se necesita definir la magnitud relativa del cubo que se quiere tomar como base para su generación y multiplicarla por cualquier número natural elevado al cubo.

Usando la misma fórmula que se utilizó para generar números lineales y cuadrados, es posible también generar números cúbicos, sólo que ahora m se elevará al cubo y se multiplicará por el número base de generación b que se define como cúbico. El número que se obtiene representará el volumen de cualquier número generado. La fórmula quedará así:

$$V = m^3b$$

$$\text{Con } m \wedge b \in \mathbb{N}$$

El conjunto de números enteros cúbicos geométricamente perfectos (Volúmenes Geométricamente Perfectos VGP) puede definirse como:

$$VGP = \{\, m^3b\, , m \wedge b \in \mathbb{N} \,\}$$

Si consideramos al conjunto de números cúbicos aritméticamente perfectos (CuP) como

$$CuP = \{n^3\, , n \in \mathbb{N}\}$$

También se puede afirmar que el conjunto de los números cúbicos aritméticamente perfectos es un subconjunto del conjunto de los números cúbicos geométricamente perfectos.

$$CuP \subset VGP$$

Usando la fórmula

$$V = m^3b$$

Es posible modelizar números cúbicos geométricamente perfectos adicionales a los números cúbicos aritméticamente perfectos. La imagen 52 muestra cómo se puede modelizar al número 16 como un cubo geométricamente perfecto.

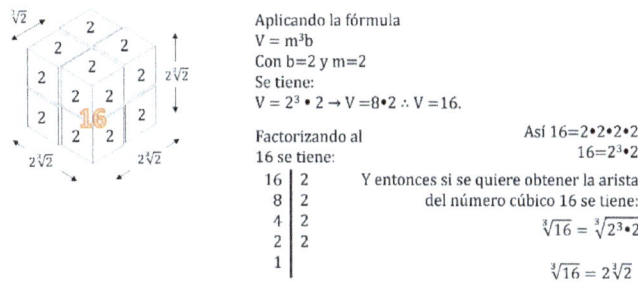

Imagen 52.

Con una unidad cúbica base de generación igual a 5 y el número natural 4 elevado al cubo se obtiene un cubo geométricamente perfecto igual a 320 como se muestra en la imagen 53.

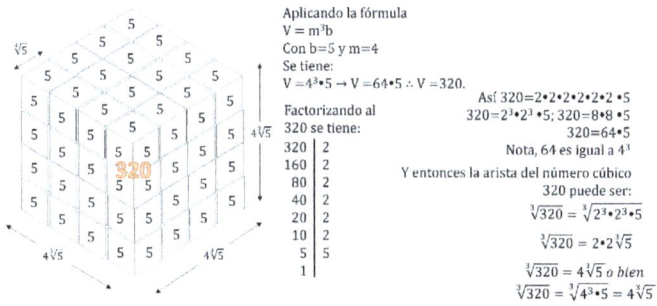

Imagen 53.

HUGO RODRÍGUEZ CARMONA.

Números multidimensionales.

Es fácil percatarse que, para la generación de números lineales, cuadrados y cúbicos, se utiliza la misma fórmula y que sólo se manipula el exponente de m para establecer la forma del arreglo donde se coloca el número base de generación b, que puede ser cualquier número.

La imagen 54 muestra ejemplos de arreglos con m igual a 2, usando al número 3 como número base de generación.

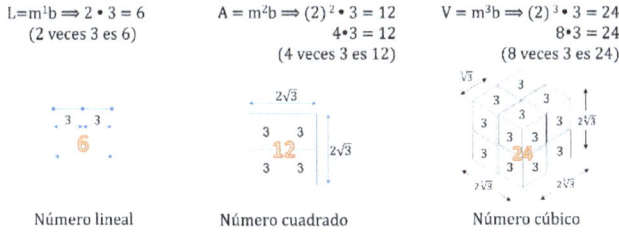

Imagen 54

Todos ellos enteros con dimensión lineal, cuadrada y cúbica geométricamente perfectas.

Como seguramente ya lo dedujo, la misma fórmula puede emplearse para generar números de cualquier dimensión o potencia, a todos los números que se generan de esta manera los llamaré números multidimensionales H.

Generalizando la fórmula notamos que un número multidimensional H se obtiene así:

$$H = m^n b$$

Con m, n $\wedge$ b $\in$ $\mathbb{N}$

H, es un número multidimensional o multipotencial, m^n es la potencia que determina la forma del arreglo y número de espacios que contendrán al número base de generación b, m es la base del arreglo y n determina si éste es lineal, cuadrado, cúbico o de cualquier otra dimensión, b es la magnitud relativa del número base de generación que se coloca en los espacios m^n. y que puede concebirse como lineal, cuadrado, cúbico o de cualquier dimensión.

Antes de continuar me parece conveniente reflexionar sobre dos interpretaciones de las multiplicaciones aplicables en estos contextos. Generalmente, cuando se enseña aritmética se dice que las expresiones del tipo:

$$2 \times 2, 2 \bullet 2 \text{ o } (2)(2)$$

Se leen como 2 por 2 o 2 veces 2. Si bien en cualquier caso se obtiene el mismo producto aritmético, considere que desde una perspectiva geométrica es recomendable emplear la preposición "POR" cuando se trabajan con dimensiones. Por ejemplo, en la imagen 55, se modeliza un vano para colocar un ventanal que mide 2 metros de ancho y dos de alto. Es mejor decir que el vano es de 2 POR 2, que decir que el vano mide 2 VECES 2.

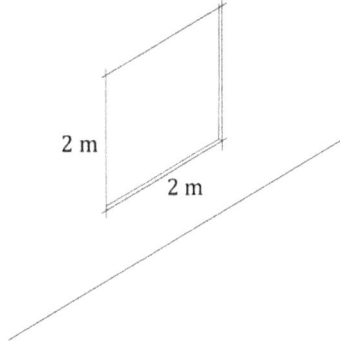

Imagen 55.

También cuando se manejan volúmenes o capacidades de contención es más recomendable utilizar la preposición "POR". En la imagen 56 se muestra una caja que tienen una capacidad interna de 2 pies de largo, 2 pies de ancho y 2 pies de altura. Se recomienda emplear la expresión 2 por 2 por 2 para determinar su capacidad de contención que sería de 8 pies cúbicos.

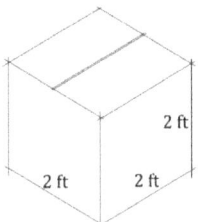

Imagen 56.

Sin embargo, cuando se trabaja con números multidimensionales como el que se muestra en la imagen 57. Podemos expresarlo con las siguientes opciones para determinar su área.

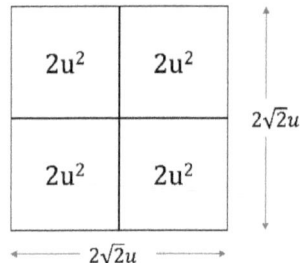

Usando la fórmula de los números
multidimensionales
$$H = m^n b$$
Con m=2, n= 2 y b=2 u^2
$$H = 2^2 2\ u^2$$
$$H = 4 \cdot 2u^2 = 8u^2$$
Es posible leer:
4 veces $2u^2$ es igual 8 u^2.

Usando la fórmula A= $\ell \cdot \ell$
se diría:
$(2\sqrt{2}u)$ por $(2\sqrt{2}u) = 8u^2$.

Imagen 57.

En ambos casos se determina que el área geométricamente cuadrada perfecta es de 8 unidades cuadradas. En la interpretación de la izquierda se entiende que, para obtener un cuadrado equivalente a 8 unidades cuadradas, se requiere multiplicar por sí mismo un lado de longitud 2 veces la raíz cuadrada de 2. Mientras que, en la interpretación de la derecha, se debe entender que, se requiere de 4 espacios para contener cuadrados perfectos de área 2. Así 4 veces 2 es igual a 8. O bien, mencionar que 4 veces el cuadrado dos es igual al cuadrado 8.

Con los números geométricamente cúbicos perfectos ocurre algo parecido, observe la imagen 58.

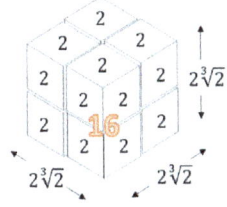

Usando la fórmula de los números
multidimensionales
$$H = m^n b$$
Con $m= 2$, $n=3$ y $b=2u^3$
$$H = 2^3 2u^3$$
$$H = 8 \cdot 2u^3 = 16$$
8 veces $2u^3$ es igual a $16u^3$.

Usando la fórmula $V = \iota \cdot \iota \cdot \iota$
$2\sqrt[3]{2}u$ por $2\sqrt[3]{2}u$ por $2\sqrt[3]{2}u = 16\ u^3$

Imagen 58.

Del lado izquierdo de la imagen 58 se observa que, si se multiplican las aristas 2 veces la raíz cúbica de 2, por 2 veces la raíz cúbica de 2, por 2 veces la raíz cúbica de 2, se obtiene como resultado 16, que indica que ese cubo es equivalente a 16 unidades cúbicas. Mientras que, si interpretamos la fórmula de los números multidimensionales de la derecha, se observa que se requeriría de un arreglo de 8 espacios para contener cubos de magnitud 2 unidades cúbicas y obtener el mismo volumen equivalente de 16 unidades cúbicas.

Recuerde que una forma de trabajar con números multidimensionales es que usted define la magnitud y dimensión del arreglo que contendrá al número base de generación b que también es definido por usted.

De lo anterior podemos confirmar que cualquier número puede ser concebido como lineal, cuadrado o cúbico geométricamente perfectos o como potencia de cualquier otra clase.

Tomando como ejemplo, al número 56. Si se factoriza en los números primos que lo integran se tiene que: 56 = 2 por 2 por 2 por 7. La imagen 59 muestra diferentes opciones para representar al número 56 de forma lineal.

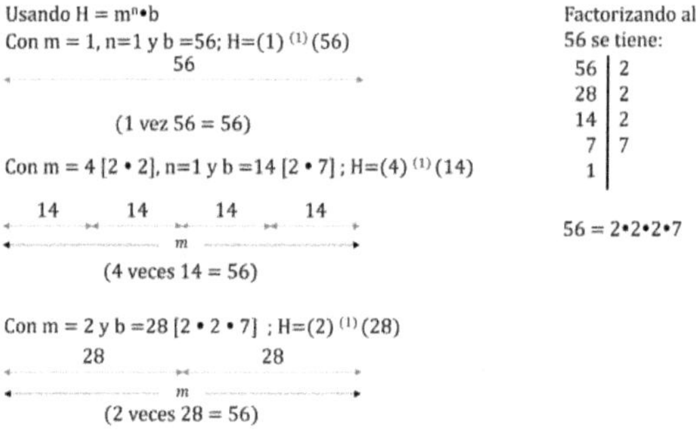

Usando $H = m^n \cdot b$
Con $m = 1$, $n=1$ y $b =56$; $H=(1)^{(1)}(56)$

```
            56
|←----------------------→|

        (1 vez 56 = 56)
```

Con $m = 4 [2 \cdot 2]$, $n=1$ y $b =14 [2 \cdot 7]$; $H=(4)^{(1)}(14)$

```
   14      14      14      14
|←--→| |←--→| |←--→| |←--→|
|←------------- m -------------→|
        (4 veces 14 = 56)
```

Con $m = 2$ y $b =28 [2 \cdot 2 \cdot 7]$; $H=(2)^{(1)}(28)$

```
     28            28
|←------→| |←------→|
|←------------ m ------------→|
        (2 veces 28 = 56)
```

Factorizando al
56 se tiene:

56	2
28	2
14	2
7	7
1	

$56 = 2 \cdot 2 \cdot 2 \cdot 7$

Imagen 59.

Otras formas de representar al 56 como número lineal que no se muestran, podrían ser: con 8 segmentos de magnitud 7 o bien, con 7 segmentos de magnitud 8.

La imagen 60 exhibe cómo el número 56 se puede generar y concebir como número geométricamente cuadrado perfecto.

Usando H = m^n• b
Con m = 1, n=2 y b =56; H=(1)^2(56)=(1)(56)=56

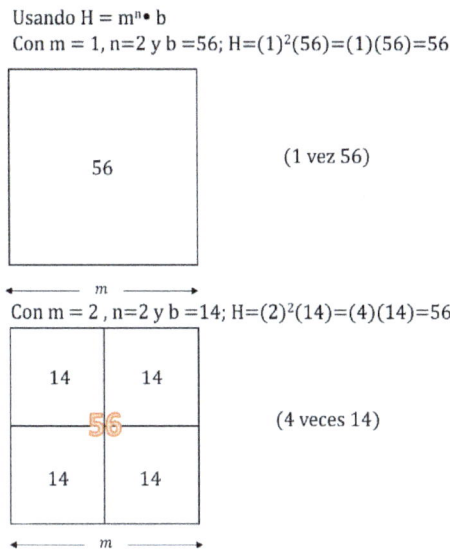

Imagen 60.

Y la imagen 61 muestra cómo el número 56 puede generarse y modelizarse como cúbico geométricamente perfecto.

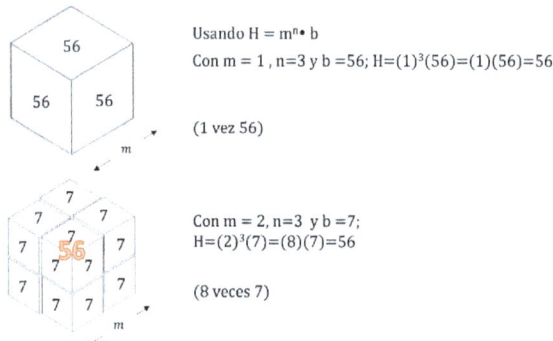

Imagen 61.

Para facilitar la concepción de los números multidimensionales considere lo siguiente:

Usando el número b, como un número de magnitud y dimensión relativa establecida por usted, le permite definirle cualquier valor como 3, 2, 1000 o cualquier otro y si será lineal, cuadrado, cúbico o de cualquier otra potencia. O bien, b puede tomar la forma del arreglo m^n que usted decida.

La potencia que se obtiene al elevar m al exponente n determina el tipo de arreglo y la cantidad de elementos que contendrán al número base de generación b, de esta manera, n entonces define la dimensión del arreglo. Si usted define que b sea cúbico, n debe ser 3, si define que b sea cuadrado, n debe valer 2 y si define que b es lineal n debe ser igual a 1.

O bien, por ejemplo, si m es igual a 2 cuando n es igual a 1, se estaría formando un arreglo lineal para contener dos veces a un número base de generación b, que adoptará forma lineal. La imagen 62 representa ese arreglo.

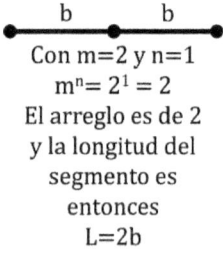

Con m=2 y n=1
$m^n = 2^1 = 2$
El arreglo es de 2
y la longitud del
segmento es
entonces
L=2b

Imagen 62.

La imagen 63 muestra un arreglo cuadrado cuando m que es igual a 2 y n también es igual a 2, para contener al número base de generación b, que tomará forma cuadrada.

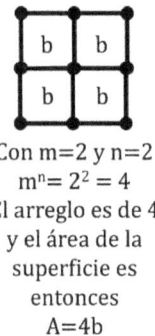

Con m=2 y n=2
$m^n = 2^2 = 4$
El arreglo es de 4
y el área de la
superficie es
entonces
A=4b

Imagen 63.

Cuando m sea igual a 2 y n igual a 3 el arreglo generado será cúbico para contener al número base de generación b que tendrá forma cúbica, esta situación se modeliza en la imagen 64.

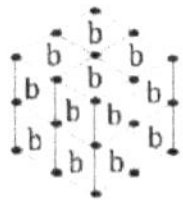

Con m=2 y n=3
$m^n = 2^3 = 8$
El arreglo es de 8
y el volumen del
cubo es entonces
V=8b

Imagen 64.

Confieso que a mí se me dificulta concebir y modelizar arreglos y números de una dimensión mayor a 3, no tengo idea de cómo luciría un arreglo o un número con un exponente mayor a 3. Lo que sí sé, es que con m igual a 2 y n igual a 4. Se tendría un arreglo que contendría 16 espacios, ya que aritméticamente se tendría $m^n = 2^4 = 16$, para contener a un número b de cuarta dimensión.

Una opción para generar números multidimensionales o multipotenciales es definiendo las características del número base de generación y el tamaño, potencia o forma del arreglo m^n. La imagen 65 muestra algunos números multidimensionales o multipotenciales generados con una base de arreglo m = 2 y un número base de generación b = 3, con diferentes valores para n.

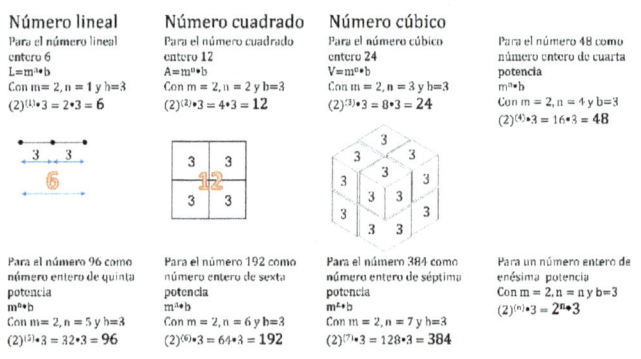

Imagen 65.

Observe que todos los números generados son enteros y más específicamente naturales.

La imagen 66 muestra los primeros tres números que se obtendrían si la base m del arreglo fuera igual a 1 y el número base de generación fuera 3 Y lo que pasaría si la potencia fuera n.

Para definir al 3 como número lineal se tendría:	Para definir al 3 como número cuadrado se tendría:	Para definir al 3 como número cúbico se tendría:	Para definir al 3 como una potencia n se tendría:
$m^n \cdot b$	$m^n \cdot b$	$m^n \cdot b$	$m^n \cdot b$
Con m= 1, n = 1 y b=3	Con m = 1, n = 2 y b=3	Con m = 1, n = 3 y b=3	Con m = 1, n = n y b=3
$(1)^{(1)} \cdot 3 = 1 \cdot 3 = 3$	$(1)^{(2)} \cdot 3 = 1 \cdot 3 = 3$	$(1)^{(3)} \cdot 3 = 1 \cdot 3 = 3$	$(1)^{(n)} \cdot 3 = 1^n \cdot 3$

3 como número lineal	3 como número cuadrado	3 como número cúbico	3 como número de potencia n
3	$\sqrt[2]{3} \cdot \sqrt[2]{3} = (\sqrt[2]{3})^2 =$	$\sqrt[3]{3} \cdot \sqrt[3]{3} \cdot \sqrt[3]{3} = (\sqrt[3]{3})^3 =$	$\sqrt[n]{3} \cdot \sqrt[n]{3} \cdot ... \cdot \sqrt[n]{3} = (\sqrt[n]{3})^n =$
	$= (3^{1/2})^2 = 3^{2/2} = 3$	$= (3^{1/3})^3 = 3^{3/3} = 3$	$= (3^{1/n})^n = 3^{n/n} = 3$

Imagen 66.

La imagen 66 muestra que cualquier número puede definirse como potencia de cualquier dimensión. Todos los números multidimensionales se generan a partir de la multiplicación de la potencia m^n por b. Hemos visto que, si se quiere obtener una longitud, se requiere un número lineal y se usa la fórmula $L=m^1$ por b, si se quiere obtener un número cuadrado estaríamos expresando su área y hemos escrito la fórmula $A= m^2$ por b y para representar un número cúbico, para determinar su volumen la fórmula que se ha empleado es $V=m^3$ por b.

Y lo que se obtiene cuando se utilizan exponentes superiores a 3, son números multidimensionales o multipotenciales de grado superior.

Entonces la fórmula para generar un número multidimensional o multipotencial H es:

$$H = m^n b$$

Si se desea que H sea un número natural, m, n y b deben ser números naturales.

Cualquier número natural puede generarse con esta fórmula y puede ser concebido en la dimensión o potencia que se quiera.

H es un número multidimensional o multipotencial porque puede tomar la dimensión que se nos antoje.

Los siguientes cinco pasos muestran cómo se genera y representa un número como cualquier potencia o dimensión y se ejemplifican con el número 72 como número cuadrado.

1. Factorizar al número como el producto de sus factores primos.

Factorizando al 72 en sus factores primos se tiene:

72	2	Se establece que
36	2	72=2•2•2•3•3
18	2	
9	3	
3	3	
1		

2. Agrupar los factores primos en función de la dimensión o potencia con que se quiere representar al número.

Para el caso de representar al número 72. Como número cuadrado el agrupamiento sería de dos en dos.

$72 = 2 \cdot 2 \cdot 2 \cdot 3 \cdot 3$

$72 = 2^2 \cdot 2 \cdot 3^2$

3. Calcular la raíz enésima. Con la flexibilidad de los números multidimensionales, si la raíz que se obtiene es exacta, ésta puede o no multiplicarse por la raíz enésima de 1 porque 1 podría o no ser el número base de generación. Usted lo decide.

Como se quiere expresar al 72 como número cuadrado se tendría que obtener la raíz cuadrada:

$\sqrt[2]{72} = \sqrt[2]{2^2 \cdot 2 \cdot 3^2}$

$\sqrt[2]{72} = \sqrt[2]{2^2} \cdot \sqrt[2]{2} \cdot \sqrt[2]{3^2}$

$\sqrt[2]{72} = (2^2)^{1/2} \cdot (2)^{1/2} \cdot (3^2)^{1/2}$

$\sqrt[2]{72} = 2 \cdot (2)^{1/2} \cdot 3 = 6\sqrt[2]{2}$ El radicando de la raíz es el número base de generación b.

4. Obtener el número multidimensional o multipotencial H elevando al exponente n la raíz obtenida.

Como se quiere expresar al 72 como número cuadrado, la raíz se elevará al exponente 2.

$H = (6 \cdot \sqrt[2]{2})^2 = 6^2 \cdot (\sqrt[2]{2})^2 = 6^2 \cdot (\sqrt[2]{2})^2 = 6^2 \cdot (2^{1/2})^2 = 6^2 \cdot 2$.

$H = 6^2 \cdot 2$ Donde 6^2 es la dimensión del arreglo m^n En este caso 36.

$H = 36 \cdot 2 = 72$.

5. Si lo necesita y puede, modelice el arreglo.

En este caso, el número 72 como número geométricamente cuadrado podría quedar así:

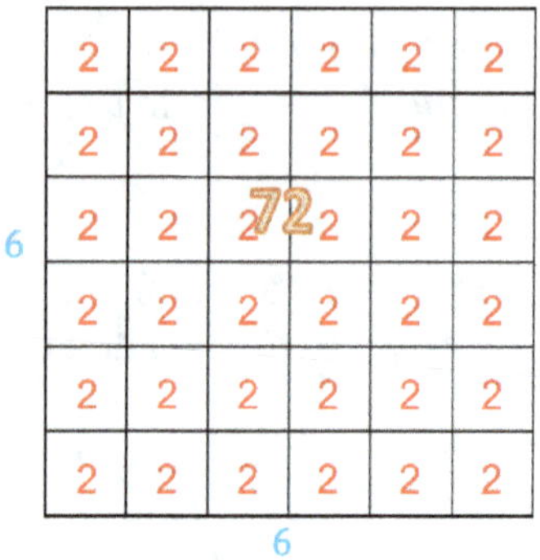

Imagen 67.

La imagen 67 muestra el número cuadrado 72 formado en un arreglo geométricamente cuadrado perfecto de 36 espacios que contienen cuadrados de magnitud 2.

Algunos números multidimensionales puedan representarse con variantes. Por ejemplo, en el caso del mismo número 72 siguiendo los mismos cinco pasos se tendría:

1. Factorizar al número como el producto de sus factores primos.

Factorizando al 72 en sus factores primos se tiene:

72	2
36	2
18	2
9	3
3	3
1	

Se establece que
72=2•2•2•3•3

2. Agrupar los factores primos en función de la dimensión o potencia con que se quiere representar al número.

En este caso el agrupamiento también se podría hacer de las siguientes formas:

$72=2 \cdot 2 \cdot 2 \cdot 3 \cdot 3$; $72=2^2 \cdot 2 \cdot 3 \cdot 3$;   O así, $72=2 \cdot 2 \cdot 2 \cdot 3 \cdot 3$; $72=3^2 \cdot 2 \cdot 2 \cdot 2$;
$72=2^2 \cdot 18$ $72=3^2 \cdot 8$;

3. Calcular la raíz enésima. Con la flexibilidad de los números multidimensionales, si la raíz que se obtiene es exacta, ésta puede o no multiplicarse por la raíz enésima de 1 porque 1 podría o no ser el número base de generación. Usted lo decide.

Como se quiere generar un número cuadrado se tendrá que obtener la raíz cuadrada.

$\sqrt[2]{72} = \sqrt[2]{2^2 \cdot 18}$ $\sqrt[2]{72} = \sqrt[2]{3^2 \cdot 8}$
$\sqrt[2]{72} = \sqrt[2]{2^2} \cdot \sqrt[2]{18}$ O de esta forma $\sqrt[2]{72} = \sqrt[2]{3^2} \cdot \sqrt[2]{8}$
$\sqrt[2]{72} = (2^2)^{1/2} \cdot (18)^{1/2}$ $\sqrt[2]{72} = (3^2)^{1/2} \cdot (8)^{1/2}$
$\sqrt[2]{72} = 2 \cdot (18)^{1/2} = 2\sqrt[2]{18}$ $\sqrt[2]{72} = 3 \cdot (8)^{1/2} = 2\sqrt[2]{8}$

El radicando de la raíz es el número base de generación b.

4. Obtener el número multidimensional o multipotencial H elevando al exponente n la raíz obtenida.

$H = (2 \cdot \sqrt[2]{18})^2 = 2^2 \cdot 18 = 4 \cdot 18 = \mathbf{72}$ O bien, $H = (3 \cdot \sqrt[2]{8})^2 = 3^2 \cdot 8 = 9 \cdot 8 = \mathbf{72}$

$4 = 2 \cdot 2$ Es el tamaño del arreglo $9 = 3 \cdot 3$ Es el tamaño del arreglo

5. Si lo necesita y puede, modelice el arreglo.

La modelización del número 72 como número cuadrado también podría ser como se muestra en la imagen 68:

Modelizándolos en el paso 5 quedarían así:

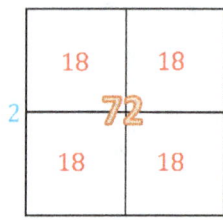

8	8	8
8	8	8
8	8	8

Imagen 68.

Para representar al número 72 como número cúbico se seguirían los mismos pasos.

1. Factorizar al número como el producto de sus factores primos.

Factorizando al 72 en sus factores primos se tiene:

72	2	Se establece que
36	2	$72 = 2 \cdot 2 \cdot 2 \cdot 3 \cdot 3$
18	2	
9	3	
3	3	
1		

2. Agrupar los factores primos en función de la dimensión o potencia con que se quiere representar al número.

Para el caso de representar al número 72. Como número cúbico el agrupamiento sería de tres en tres.

$72 = 2 \cdot 2 \cdot 2 \cdot 3 \cdot 3$

$72 = 2^3 \cdot 3^2$

3. Calcular la raíz enésima. Con la flexibilidad de los números multidimensionales, si la raíz que se obtiene es exacta, ésta puede o no multiplicarse por la raíz enésima de 1 porque 1 podría o no ser el número base de generación. Usted lo decide.

Como se quiere expresar al 72 como número cúbico se tendría que obtener la raíz cúbica:

$\sqrt[3]{72} = \sqrt[3]{2^3 \cdot 3^2}$

$\sqrt[3]{72} = \sqrt[3]{2^3} \cdot \sqrt[3]{3^2}$

$\sqrt[3]{72} = (2^3)^{1/3} \, (3^2)^{1/3}$

$\sqrt[3]{72} = 2 \cdot \sqrt[3]{9} = 2\sqrt[3]{9}$ El radicando de la raíz es el número base de generación b.

4. Obtener el número multidimensional o multipotencial H elevando al exponente n la raíz obtenida.

En este caso la raíz cúbica de 72 se eleva al cubo.

$H = (2 \cdot \sqrt[3]{9})^3 = 2^3 \cdot ((9)^{1/3})^3 = 8 \cdot 9 = \mathbf{72}$

$8 = 2^3 = 2 \cdot 2 \cdot 2$ Es el tamaño del arreglo.

5. Si lo necesita y puede, modelice el arreglo.

La imagen 69 muestra como quedaría el número 72 como cubo geométricamente perfecto.

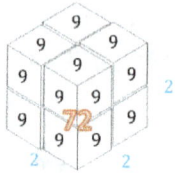

Imagen 69.

Los cinco pasos para generar un número considerado como cubo aritméticamente perfecto como el número 27 serían así:

1. Factorizar al número como el producto de sus factores primos.

Factorizando en sus factores primos al número 27 se tendría:

Factorizando al 27 en sus factores primos se tiene:

27	3	Se establece entonces que:
9	3	$27 = 3 \cdot 3 \cdot 3$
3	3	
1		

2. Agrupar los factores primos en función de la dimensión o potencia con que se quiere representar al número.

Agrupando los factores primos del número 27 de tres en tres se obtiene:

$$27 = 3 \cdot 3 \cdot 3$$
$$27 = 3^3$$

3. Calcular la raíz enésima. Con la flexibilidad de los números multidimensionales, si la raíz que se obtiene es exacta, ésta puede o no multiplicarse por la raíz enésima de 1 porque 1 podría o no ser el número base de generación. Usted lo decide.

Como se quiere representar al número 27 como número cúbico, la raíz a obtener será cúbica:

$\sqrt[3]{27} = \sqrt[3]{3^3}$

$\sqrt[3]{27} = (3^3)^{1/3}$

$\sqrt[3]{27} = 3$ *La raíz obtenida es exacta, en este caso, la raíz se multiplica por la raíz cúbica de 1.*

Así, el resultado sería $3 \cdot \sqrt[3]{1}$ El radicando de la raíz es el número base de generación b.

4. Obtener el número multidimensional o multipotencial H elevando al exponente n la raíz obtenida.

Como se desea expresar al número 27 como número cúbico se eleva la raíz obtenida al exponente 3.

$(3 \cdot \sqrt[3]{1})^3 = 3^3 \cdot (1^{1/3})^3 = 3^3 \cdot 1.$

H = $3^3 \cdot 2$ Donde 3^3 es la dimensión del arreglo m^n En este caso 27.

H= 27 $\cdot$ 1 = 27.

5. Si lo necesita y puede, modelice el arreglo.

La imagen 70 muestra como quedaría el número 27 como cubo geométricamente perfecto.

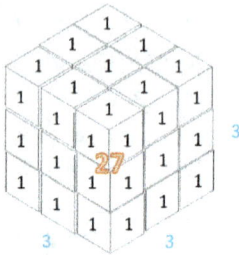

Imagen 70.

Algo más de Historia de las matemáticas griegas.

Pitágoras pensaba que con los números se podían explicar todos los fenómenos de la naturaleza y creyó que sólo se necesitaba de los números enteros y de las relaciones que se podían establecer con ellos escribiéndolos en forma de fracción común. A las expresiones que relacionaban a dos números enteros se les conocía como números racionales porque obedecían a la razón de forma concreta y exacta. Y consideraba que todos los números eran expresables como una relación entre dos números enteros.

Por ejemplo, la relación entre los números 1 y 3 se puede expresar como que 1 cabe 3 veces en 3 o bien, que sólo la tercera parte de 3 cabe en 1.

$$3 : 1 = 3 \; y \; también \; 1 : 3 = \frac{1}{3}$$

A las expresiones del tipo 1 sobre 3 se les conocía como fracciones comunes porque cualquiera podía manejarlas. Estas expresiones tienen una dicotomía porque se emplean como relación entre enteros cuando se dividen entre sí o bien para describir a un número que representa una porción de una unidad que ha sido partida, quebrada o fraccionada. En español y en portugués a este último tipo de expresiones que representan una porción con un número de este tipo, aunque esté formado por dos números que no se están dividiendo se les conoce como números quebrados.

Recuerde que en la Grecia antigua no se utilizaba la representación de números fraccionarios que usa el sistema posicional decimal, esta forma de representar a las fracciones comunes se empezó a utilizar en Europa a partir del siglo XVI.

Volviendo a Pitágoras, se dice que uno de sus discípulos de nombre Hippasus de Metaponto se entretuvo tratando de encontrar la relación que pudiera representar a la raíz cuadrada de dos que se genera cuando se aplica el teorema de Pitágoras a un triángulo rectángulo con catetos de longitud igual a 1 como se ilustra en la imagen 71.

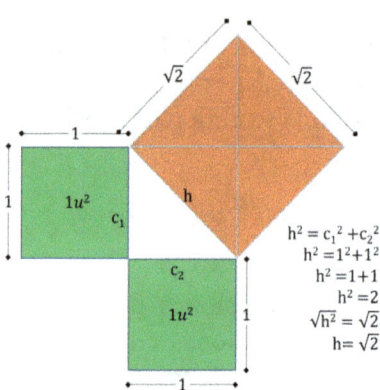

Imagen 71.

Y al descubrir que no existía una razón o relación entre dos números enteros que pudiera representarla, se entusiasmó y contó su hallazgo de este número que al carecer de razón podría considerarse irracional.

Se dice que Pitágoras al darse cuenta de que toda su teoría ideal de explicar el mundo a través de los números racionales se venía abajo, mandó a ejecutar a Hippasus al enterarse que éste reveló su hallazgo fuera de la fraternidad de los pitagóricos...

No cabe duda de que por muy inteligentes que nos consideremos, el ego puede imponerse sobre la razón y llevarnos a hacer cosas terribles cuando alguien se atreve a cuestionar con evidencias las creencias que tenemos arraigadas y que fanáticamente consideramos absolutas. El mismo Pitágoras, quien es considerado el padre de la lógica recurrió a la fuerza antes que reconocer que estaba equivocado.

Se cree que fue hasta la muerte de Pitágoras, cuando en Grecia se retomó el trabajo con los números irracionales y se le atribuye a Euclides la demostración de la existencia de este tipo de números.

Si bien Euclides se interesó por la teoría de números que se encarga de las propiedades de los números particularmente de los enteros. Su principal aportación a las matemáticas fue en torno a la geometría. Sin embargo, su trabajo sirvió para que Diofanto tomando en cuenta el trabajo de Euclides y de Hipsicles, escribiera un famoso libro que se integró de varios tomos y que se conoce como la aritmética de Diofanto, su libro consistía en una recopilación de problemas cuyas respuestas sólo admitía soluciones de números enteros. A este tipo de problemas se les conoce como problemas diofánticos.

Una ecuación Diofántica puede tener dos o más incógnitas, cuya solución sólo admite valores enteros. Es decir, Una ecuación diofántica de dos incógnitas tiene la forma:

$$Ax + By = C$$

$$(x, y) \in \mathbb{Z}$$

Una copia del libro de Diofanto editada varios siglos después por Claude Gaspar Bachet de Meziriac llegó a manos del genio matemático Pierre de Fermat.

Tres conjeturas de Pierre de Fermat

Pierre de Fermat nació en Francia en el siglo XVII y fue un hombre fuera de serie que hizo importantes descubrimientos y aportaciones a la aritmética, a la teoría de números, a la probabilidad, a la física, a la geometría analítica y a lo que después se conoció como el cálculo cuando Leibniz y Newton lo formalizaron, se sabe que el mismo Newton reconoció el trabajo de Fermat.

Fermat quien fuera abogado de profesión, era aficionado a los acertijos matemáticos y descubrió muchas curiosidades relacionadas con los números, por ello se le considera el príncipe de los aficionados matemáticos. Postuló varias conjeturas, algunas han sido refutadas. Por ejemplo, Fermat postuló que cualquier número que se obtuviera con la fórmula:

$$2^{2^n} + 1$$

Siempre que n fuera entero positivo, sería primo. Sin embargo, Leonhard Euler con el siguiente contraejemplo lo objetó.

$$2^{2^5} + 1 = 4{,}294{,}967{,}296 + 1 = 4{,}294{,}967{,}297$$

Es múltiplo de 641, por lo tanto, no es primo.

A continuación, le presentaré otras tres conjeturas de Fermat que se mencionan en el vídeo "Fermat, el margen más famoso de la historia" del canal Universo matemático, En este vídeo se establece que Fermat afirmó que:

HUGO RODRÍGUEZ CARMONA.

1. *"26 es el único número entero que se ubica entre un número cuadrado (25) y un número cúbico (27)."*

En el mismo vídeo, el canal hace referencia a que Fermat, sabiendo que los números primos pueden separarse en dos grandes familias. Una de esas familias la integran los números primos que tienen la forma 4n+1 como son: 5, 13, 17, 29, 37, 41, ... Y la otra los que tienen la forma 4n+3. Como son: 3, 7, 11, 19, 23, ... Descubrió que todos los de la familia 4n+1 Se pueden escribir como la suma de dos cuadrados. Por ejemplo, 5 = 4 + 1, 29 = 25 + 4, etc. Y menciona, que Fermat también afirmó que:

2. *"Ninguno de los de primos de la forma 4n+3 es posible descomponerlo como la suma de dos cuadrados."*

También en el vídeo, se hace referencia a otra conjetura que sin duda dio nombre al vídeo referido, porque en él se menciona que Fermat la redactó en latín, en el año 1637 en el margen de una hoja de su copia del libro Aritmética escrito por Diofanto.

Para muchos, la siguiente conjetura es considerada como la más famosa de Fermat. La imagen 72 muestra una foto de un libro que editó el hijo de Fermat con las anotaciones que hizo su padre en el libro de Diofanto que poseyó. Lamentablemente, el libro con las anotaciones originales de Pierre de Fermat no se ha encontrado (Aczel 2003). La imagen 72 fue tomada del vídeo "Qué es el último teorema de Fermat y por qué los matemáticos demoraron 3 siglos en resolverlo" del canal de la BBC.

Imagen 72.

En el vídeo "Fermat, el margen más famoso de la historia" la conjetura se tradujo al español con las siguientes palabras:

3. *"Es imposible encontrar la forma de convertir un cubo en la suma de 2 cubos, una potencia cuarta en la suma de 2 potencias cuartas o en general, cualquier potencia más alta que el cuadrado en suma de 2 potencias de la misma clase, para este hecho he encontrado una demostración maravillosa, el margen es demasiado pequeño para que dicha demostración quepa en él."*

Posiblemente, porque la redactó en el libro de Diofanto a quien podemos atribuirle que fue su principal inspirador y también tomando en consideración el teorema de Pitágoras, la conjetura se interpretó con la siguiente ecuación, asumiendo que sus soluciones debían de ser enteras:

$$x^n + y^n = z^n$$

Fermat invitó a sus amigos matemáticos a demostrar su conjetura y matemáticos de diferentes latitudes y de diferentes épocas posteriores a la que vivió Fermat, se empeñaron en demostrar lo postulado por él.

En el vídeo de Universo matemático que he mencionado también se establece que:

- En el siglo XIX los matemáticos franceses Dirichlet y Legendre lograron demostrar lo planteado por Fermat con exponentes iguales a 5

- También en el siglo XIX el matemático Gabriel Lamé comprobó que lo planteado por Fermat era válido para exponentes iguales a 7

- En 1847 Ernst Kummer con su teoría de la aritmética de los enteros ciclotónicos demostró lo establecido por Fermat para muchos exponentes menores de 100 con excepción de los números 37, 59, 67 y 74

- Desde 1970 potentes ordenadores han confirmado que lo establecido por Fermat no tiene soluciones enteras para exponentes menores a 300,000

- El 25 de octubre de 1994 el matemático inglés Andrew Wiles logró demostrar la conjetura de Fermat con cualquier exponente mayor a dos

Lamentablemente en el vídeo no se hace referencia al trabajo realizado por la francesa Sophie Germain que sirvió de base para que Gabriel Lamé llegara a sus conclusiones, esto lo encontré en libro escrito por Singh (1997).

El vídeo "La conjetura de Fermat" del canal derivando, también menciona que el matemático inglés Andrew Wiles en 1994 finalmente logró la hazaña de demostrar que la ecuación que se utilizó para describir lo postulado por Fermat 357 años atrás, no tiene solución.

Para lograrlo, Wiles usó la conjetura de Taniyama Shimura que se usa en el estudio de curvas elípticas. El canal Universo matemático, menciona que la demostración de Wiles estaba integrada en dos manuscritos de 130 hojas.

La imagen 73 tomada del vídeo "La conjetura de Fermat" muestra a Andrew Wiles confirmando que la ecuación $x^n + y^n = z^n$ no tiene solución cuando n es mayor que 2.

Imagen 73.

HUGO RODRÍGUEZ CARMONA.

Disculpen la irreverencia.

Si bien en los siglos XVI y XVII, la gente que hacía matemáticas conocía bien los números irracionales. Quizá, inspirados por Diofanto, prefirieran trabajar con números y problemas que sólo aceptaban soluciones enteras y estudiar y analizar las propiedades geométricas de ese tipo de números.

En las conjeturas de la sección anterior se hace referencia a sumas de cuadrados y de cubos y al parecer, se daba por hecho que los números deberían de ser aritméticamente perfectos. Sin embargo, no descartan de manera explícita a los cuadrados y a los cubos que podrían considerarse como "irracionales" según refirió Gracian.

Previamente, echemos a volar la imaginación y pudimos reconocer que los números considerados aritméticamente cuadrados y cubos perfectos, se consideran así por la posibilidad de formar figuras de forma cuadrada y cuerpos de configuración cúbica respectivamente. También, vimos que éstos son sólo un subconjunto de todos los cuadrados y cubos geométricamente perfectos y que, desde la perspectiva de los números multidimensionales, todos los números enteros pueden representarse como cuadrados y cubos geométricamente perfectos. E incluso, como cualquier potencia. Por lo tanto, *todos los números pueden quedar entre un número cuadrado y uno cúbico, entre dos cúbicos, entre un cúbico y un cuadrado y entre dos cuadrados.*

La imagen 74 muestra el ejemplo de lo que ocurre con el número 55 que está entre el cuadrado 54 y el cubo 56, entre el cubo 54 y el cuadrado 56, entre los cubos 54 y 56 y entre los cuadrados 54 y 56.

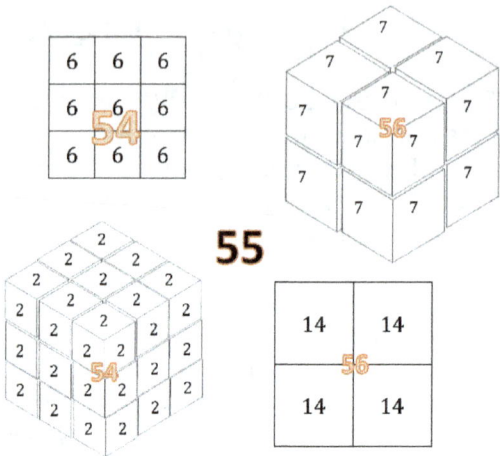

Imagen 74.

De la misma manera, si tomamos cualquier número primo de la familia 4n+3 que Fermat refirió que no se podían representar con la suma de dos números cuadrados. Si sumamos dos números cuadrados generados con la conceptualización de números multidimensionales sí es posible. La imagen 75 muestra dos ejemplos.

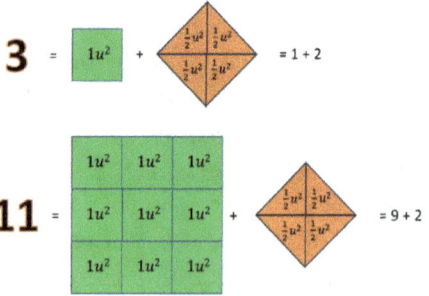

Imagen 75.

Con los casos de la imagen 75, se puede concluir que **todos los números primos se pueden representar como la suma de dos números cuadrados. De hecho, ellos mismos pueden concebirse como cuadrados.** Observe la imagen 47.

Respecto a la tercera conjetura, el canal Universo matemático en su vídeo Fermat, el margen más famoso de la historia menciona que tratando de demostrar lo que se conoce como el último teorema de Fermat, "potentes ordenadores constataron que no existen soluciones al teorema para n < 300,000" y atinadamente señala que esos no son todos los números...

Si bien estoy de acuerdo con que hay un infinito de números que se pueden elevar a cualquier exponente, considero que las pruebas que se han hecho no contemplaron ni a todos los cubos ni a todas las potencias superiores que se pueden generar con números multidimensionales.

Recordemos lo que Fermat afirmó:

"Es imposible encontrar la forma de convertir un cubo en la suma de 2 cubos, una potencia cuarta en la suma de 2 potencias cuartas o en general, cualquier potencia más alta que el cuadrado en suma de 2 potencias de la misma clase..."

La conjetura no menciona que las potencias deban de ser aritméticamente perfectas, sólo hace referencia a cubos, potencias cuartas o superiores que se puedan obtener sumando potencias de la misma clase con un exponente mayor que 2.

Con la conceptualización de números multidimensionales sí es posible lograr las sumas que plantea la conjetura, la imagen 76 muestra un ejemplo con el número cúbico 56 que es igual a la suma de los cubos 32 y 24.

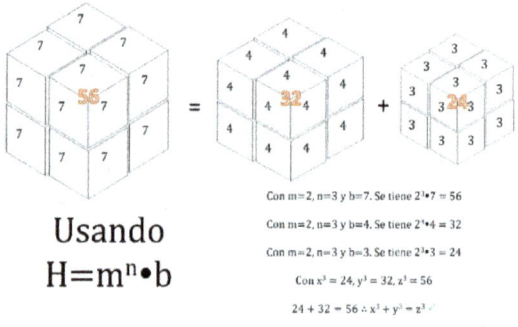

$$\text{Usando}$$
$$H = m^n \bullet b$$

Con m=2, n=3 y b=7. Se tiene $2^3 \bullet 7 = 56$

Con m=2, n=3 y b=4. Se tiene $2^3 \bullet 4 = 32$

Con m=2, n=3 y b=3. Se tiene $2^3 \bullet 3 = 24$

Con $x^3 = 24$, $y^3 = 32$, $z^3 = 56$

$24 + 32 = 56 \therefore x^3 + y^3 = z^3$

Imagen 76.

La imagen 76 también contradice el postulado de Euler quien señaló *"No existe ningún cubo de dimensiones enteras que se pueda descomponer en otros dos también de dimensiones enteras."* --- en mi opinión es copia de lo manifestado por Fermat--- como decía, la imagen 76 muestra que con números multidimensionales sí existen cubos de dimensiones enteras que se pueden descomponer en otros dos, también de dimensiones enteras.

Posiblemente haya personas que consideren que el número cúbico 56 no tiene dimensiones enteras porque se obtiene de multiplicar las dimensiones de sus aristas que no son enteras. Sin embargo, le invito a reflexionar al respecto. Según la real academia española, una dimensión es una "magnitud medible en un espacio". Por lo tanto, cualquier cubo que se establezca como número natural es una dimensión cúbica entera, que tiene como arista la raíz cúbica de ese número natural.

Desde mi perspectiva, depende de usted la dimensión que desee tomar como referencia. Es decir, si quiere tomar la longitud de la arista, el área del cuadrado que ésta produce o bien, el volumen que la arista genera es su elección, las tres son dimensiones, una lineal, otra cuadrada y la tercera cúbica y esta última sí sería entera, lo mismo ocurre con el caso del cuadrado geométrico 2, su dimensión cuadrada también es entera.

Por lo tanto, la parte de la conjetura de Fermat respecto a la imposibilidad de convertir un cubo en la suma de dos cubos en mi opinión es cuestionable y ¿Qué pasa con las otras potencias?

Al parecer también tienen solución usando números mutidimensionales. Tomemos como ejemplos los exponentes 4 y 7.

Usando H= $m^n \cdot b$

Con n = 4

Con m=2 y b=1. Se tiene $2^4 \cdot 1 = 16$

Con m=2 y b=3. Se tiene $2^4 \cdot 3 = 48$

Con m=2, y b=4. Se tiene $2^4 \cdot 4 = 64$

$16 + 48 = 64 \therefore x^4 + 3y^4 = 4z^4$ ✓

Con n = 7

Con m=2 y b=1. Se tiene $2^7 \cdot 1 = 128$

Con m=2 y b=2. Se tiene $2^7 \cdot 2 = 256$

Con m=2 y b=3. Se tiene $2^7 \cdot 3 = 384$

$128 + 256 = 384 \therefore x^7 + 2y^7 = 3z^7$ ✓

El canal derivando en su vídeo la conjetura de Fermat refiere que Fermat imaginó su conjetura preguntándose "¿Qué pasaría con el teorema de Pitágoras que establece que:

$$A^2 + B^2 = C^2$$

Si en lugar de elevarse cada término al cuadrado se elevara al cubo o a otro exponente mayor de dos.

La imagen 77, muestra cómo luciría el teorema de Pitágoras usando números multidimensionales $H=m^n b$, con potencias enteras de dimensiones cúbicas.

$3^3 \cdot 1 + 3^3 \cdot 4 = 3^3 \cdot 5$
$27 + 108 = 135$

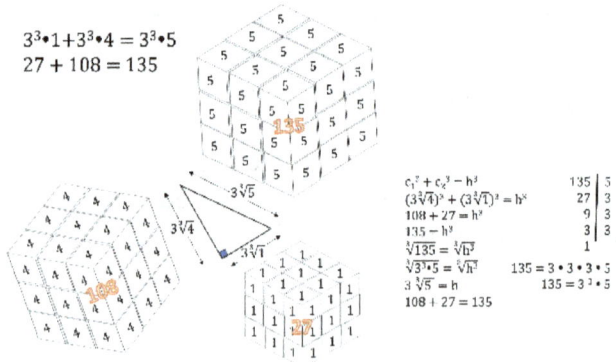

Imagen 77.

Y si bien soy incapaz de modelizar el teorema de Pitágoras con potencias generadas con exponentes iguales a 5, trabajando con números multidimensionales, podría obtener su solución de forma simbólica así:

$$c_1^5 + c_2^5 = h^5$$
$$2^5 + 2^5 = h^5$$
$$32 + 32 = h^5$$
$$64 = h^5$$
$$\sqrt[5]{64} = \sqrt[5]{h^5}$$
$$\sqrt[5]{2^6} = h$$
$$\sqrt[5]{2^5 \cdot 2} = h$$
$$2\sqrt[5]{2} = h$$
$$32 + 32 = 64$$
$$2^5 \cdot 1 + 2^5 \cdot 1 = 2^5 \cdot 2$$
$$2^5 + 2^5 = (2\sqrt[5]{2})^5$$

64	2
32	2
16	2
8	2
4	2
2	2
1	

$$64 = 2 \cdot 2 \cdot 2 \cdot 2 \cdot 2 \cdot 2$$
$$64 = 2^6$$
$$\sqrt[5]{2^6} = \sqrt[5]{2^5 \cdot 2} = 2\sqrt[5]{2}$$

64 Se puede concebir como un número multidimensional H con m^n igual 2^5 y con b igual a 2. Y 32 con dimensión m^n igual a 2^5 y con b=1.

Si con la conceptualización de los números multidimensionales cualquier número puede representase como geométricamente cuadrado, es fácil suponer que cualquier número puede representarse con la suma de sólo dos números cuadrados y no con la suma de máximo cuatro números cuadrados como lo afirmó Carl Friedrich Gauss. Por ejemplo, para representar el número 63 como la suma de números cuadrados Gauss expresaría:

$$63 = 7^2 + 3^2 + 2^2 + 1^2 = 49 + 9 + 4 + 1$$

Porque se autoimpone la restricción de sólo emplear cuadrados aritméticamente perfectos.

Cuando se trabaja con números multidimensionales, el número 63 podría representarse como número geométricamente cuadrado por sí mismo, con las opciones que se muestran en la imagen 78.

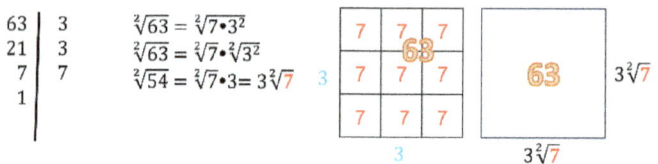

Imagen 78.

Sin embargo, si forzosamente se quisiera representar al 63 con la suma de números cuadrados, las opciones podrían ser varias, pero no se necesitarían más de dos números.

La imagen 79 muestra una de las alternativas trabajando con los cuadrados 54 y 9.

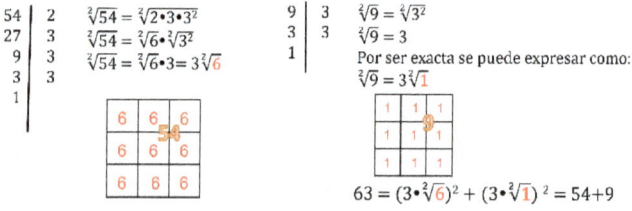

Imagen 79.

Tipos de unidades, cantidades y modelos.

Si con los ejemplos descritos hasta ahora no ha quedado claro o evidenciado que: *Sí es posible encontrar la forma de convertir un cubo en la suma de 2 cubos, una potencia cuarta en la suma de 2 potencias cuartas y en general, cualquier potencia más alta que el cuadrado en suma de 2 potencias de la misma clase...*

Le invito a considerar lo siguiente: Julio S. Hernández fue un maestro de primaria mexicano que a finales del siglo XIX y principios del XX llegó a ser supervisor de escuelas primarias y escribió varias obras.

Una de ellas fue el libro: "El cuarto año de aritmética, cálculo de números sin límite." En este documento el maestro Sánchez planteó que existen tres clases de unidades:

"1° La unidad *absoluta*, que permanece distinta, aunque se una con otras de su misma especie.

2° La unidad *relativa*, que al unirse con el todo de qué forma parte se confunde con él.

3° La unidad *mixta*, porque se forma de unidades absolutas y participa de las propiedades de la unidad relativa.

Cuando una cantidad se forma de unidades absolutas, se llama cantidad *discreta*; si se forma de unidades relativas, se llama cantidad *continua*, y si se forma de unidades mixtas se llama cantidad *mixta*.

La *unidad* en general representa uno solo de los objetos que se consideran.

La *pluralidad* representa más de una cosa, ó sea un conjunto de varias cosas de la misma clase.

El *número* es el valor que se le da á una cantidad, ya sea que se forme de una unidad, o de una reunión de unidades de la misma especie..." Hasta aquí la cita de lo planteado por el maestro Hernández en 1899.

A mi entender, una ejemplo de unidad absoluta podría ser una naranja que, al agregarse a una canasta de naranjas, la naranja agregada sigue siendo distinguible.

Un ejemplo de unidad relativa podría ser un litro de agua, que cuando lo agregamos donde hay más agua, el litro incorporado, se mezcla y se confunde con el todo y se tiene una cantidad continua mayor.

Y podríamos considerar un ejemplo de unidad mixta la preparación de una gelatina tipo mosaico, se pueden preparar 2 gelatinas de diferentes sabores y una vez cuajada la primera, cortarla o no en pedazos y colocarla en otra gelatina que todavía no termine de cuajar. La imagen 80 representa este proceso.

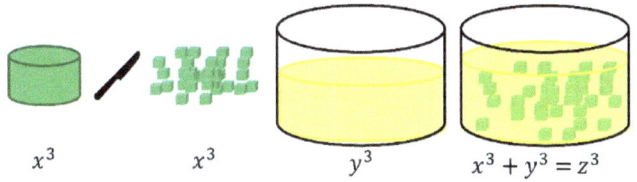

$$x^3 \qquad x^3 \qquad y^3 \qquad x^3 + y^3 = z^3$$

Imagen 80.

Aun cuando las formas de las gelatinas de la imagen no representen cubos, sus volúmenes si lo son, luego entonces la adición de dos números de potencia n=3 si permiten obtener la suma de un número de la misma potencia.

Otro ejemplo que nos permitiría visualizar la suma de dos números cúbicos sería imaginar que se tienen dos recipientes vacíos, con capacidades de 1 y 2 decímetros cúbicos respectivamente. Y, además, un tercer recipiente con capacidad de 3 decímetros cúbicos lleno de agua o de cualquier mezcla. Con el contenido del tercer recipiente se podrían llenar los otros dos. La imagen 81 modeliza esta situación.

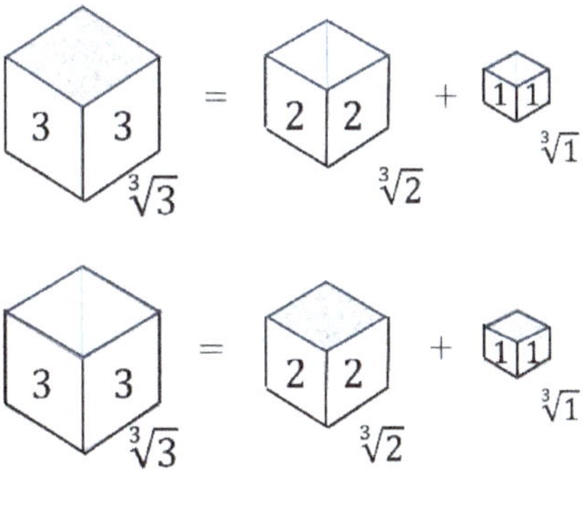

Imagen 81.

Por lo que se podría establecer la igualdad:

$$1dm^3 + 2dm^3 = 3dm^3$$

y reescribirla de la siguiente manera:

$$dm^3 1 + dm^3 2 = dm^3 3$$

Para que los tres términos luzcan como números multidimensionales

$$H = m^n b$$

De esta forma, se tendrían tres cantidades relativas cúbicas continuas expresadas en decímetros cúbicos (dm^3).

Por lo anterior, la conjetura *"Es imposible encontrar la forma de convertir un cubo en la suma de 2 cubos, una potencia cuarta en la suma de 2 potencias cuartas o en general, cualquier potencia más alta que el cuadrado en suma de 2 potencias de la misma clase."*

Usando números multidimensionales puede modificarse a *"Sí es posible convertir un cubo en la suma de 2 cubos, una potencia cuarta en la suma de 2 potencias cuartas o en general, cualquier potencia más alta que el cuadrado en suma de 2 potencias de la misma clase."*

Además, dado que Fermat gustaba de las ecuaciones diofánticas, su conjetura podría entonces expresarse con la siguiente ecuación:

$$Ax^n + By^n = Cz^n$$

Donde A, B, C, X, Y, Z y n son números naturales y en consecuencia enteros y cada término tiene la forma:

$$H = m^n b$$

$$Con\ m, n \wedge b \in \mathbb{N}$$

La ecuación no tendrá solución, sólo si nos autoimponemos la restricción de trabajar con modelos discretos, unidades absolutas y si establecemos que forzosamente A, B y C deben ser iguales a 1, pero eso no lo escribió Fermat.

Dicho de otra manera, la ecuación no tendría solución si sólo trabajamos con números considerados aritméticamente perfectos. Es decir, discriminando cantidades continuas o a los cubos y otras potencias que solían considerarse como "irracionales" porque "sus raíces no son dables en números" como refirió Gracian en 1573.

Considere que cuando Fermat redactó su conjetura en 1637, apenas habían transcurrido 64 años desde la publicación del libro de Gracian.

Recuerde, en su conjetura, Fermat sólo estableció la restricción de que n debería ser mayor que 2.

Conclusiones

La escuela Gestalt nos explica cómo el cerebro humano es capaz de imaginar y darle sentido a los estímulos visuales que recibe, los griegos antiguos se valieron de esta capacidad natural y con ayuda de sus calculus desarrollaron conocimientos matemáticos trascendentes que prevalecen hoy en día.

El avance en matemática que el ser humano ha logrado a partir de las aportaciones de las civilizaciones antiguas ha sido considerable. Desde el uso de los calculus en la Grecia antigua a nuestros días, la humanidad ha sido capaz de desarrollar diferentes sistemas de numeración e incluso, concebir diferentes tipos de números que nos han permitido explicar nuestro entorno y transformar nuestras realidades para avanzar como sociedad.

Por mencionar sólo algunos de los números que han aparecido posteriormente a los griegos pitagóricos, encontramos a los números irracionales, a los porcentuales, a los negativos, al cero, a los números imaginarios y a los números ideales. Es gracias a esta capacidad creativa de los seres humanos y al poder que brindan la observación, la reflexión y la imaginación lo que le ha permitido a nuestra especie evolucionar.

Gracias a la comunión entre geometría y aritmética que los pitagóricos descubrieron, los números naturales fueron clasificados en diferentes grupos a los que se les asignaron nombres de acuerdo con los patrones geométricos que se podían configurar con la cantidad de elementos que representaban.

Sin embargo, como se mostró, existe una discrepancia en la forma de integrar los conjuntos poligonales concebida por los griegos y la conceptualización geométrica de la actualidad, recuerde que un punto aislado carece de dimensiones y no podría formar ninguna figura geométrica.

Para lograr consistencia entre los números cuadrados desde las concepciones aritmética y geometría, considere la conveniencia de empatar el cálculo del área de los números aritméticamente cuadrados con el número de unidades de área de forma cuadrada que se incluyen en una figura.

Resaltar al menos dos de los contextos en los que se aplica la multiplicación, interpretando el signo "X" como "POR" o "VECES" de acuerdo con la situación, facilita la comprensión de los resultados que se obtienen con ella. Observe la imagen 82.

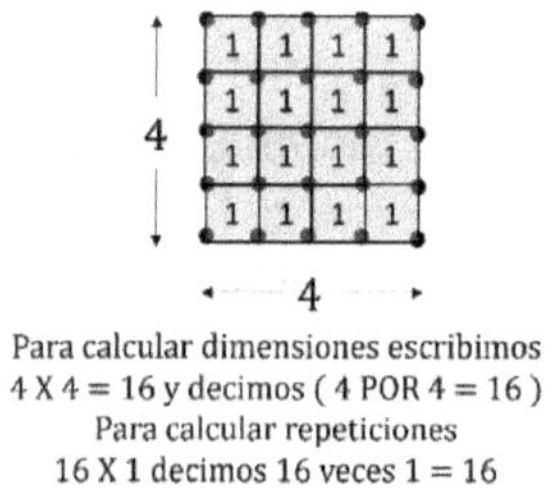

Para calcular dimensiones escribimos
4 X 4 = 16 y decimos (4 POR 4 = 16)
Para calcular repeticiones
16 X 1 decimos 16 veces 1 = 16

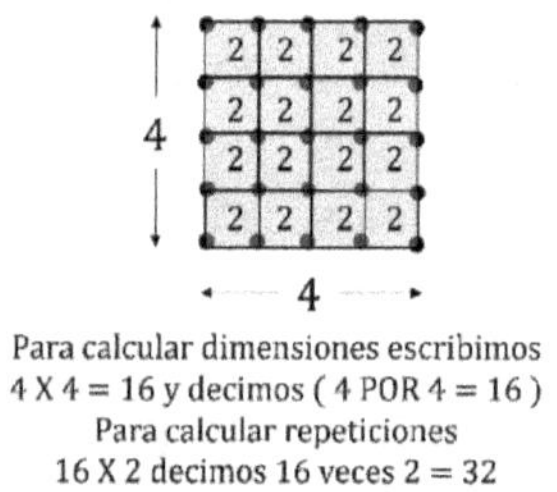

Para calcular dimensiones escribimos
4 X 4 = 16 y decimos (4 POR 4 = 16)
Para calcular repeticiones
16 X 2 decimos 16 veces 2 = 32

Imagen 82.

Los números multidimensionales permiten darnos cuenta de que desde una conceptualización geométrica existen más números enteros cuadrados y cúbicos que los que normalmente se enseñan y percatarnos de que todos los números pueden conceptualizarse como multidimensionales o multipotenciales.

El trabajo del genio Pierre de Fermat y el planteamiento de su última conjetura, propició el desarrollo de las matemáticas, él no supo de los números multidimensionales y quizá no reflexionó sobre las unidades relativas ni contempló cantidades continuas. De haberlo hecho, se habría dado cuenta de que su conjetura es posible con cualesquiera potencias con las que se trabaje.

También es importante destacar las aportaciones que hicieron Descartes, Euler, Gauss y Bayes entre otros, al ampliar el trabajo que hizo Fermat a lo largo de su vida y las contribuciones al pensamiento matemático que realizaron Dirichlet, Legendre, Germain, Lamé, Kummer, Taniyama, Shimura y Wiles porque ellos y muchos otros porque también desarrollaron avances significativos en matemáticas.

Es probable que usted considere que el uso de números multidimensionales no cumple plenamente con la ecuación:

$$x^n + y^n = z^n$$

Que se ha utilizado para representar la última conjetura de Fermat. Porque esta ecuación asume que los valores que deberían utilizarse para ser elevados a un exponente n deben ser enteros.

No obstante, le invito a que recuerde que la conjetura que Fermat escribió en el pequeño margen de su libro fue: *"Es imposible encontrar la forma de convertir un cubo en la suma de 2 cubos, una potencia cuarta en la suma de 2 potencias cuartas o en general, cualquier potencia más alta que el cuadrado en suma de 2 potencias de la misma clase..."*

Esta conjetura hace referencia a cubos y potencias formadas con exponentes superiores a dos sin especificar que las bases deban ser discretas, enteras o que las potencias deban ser aritméticamente perfectas. Tampoco, hace referencia a la ecuación:

$$x^n + y^n = z^n$$

Tanto esta ecuación, como asumir que las bases de los términos deben ser números enteros discretos y aritméticamente perfectos han sido restricciones autoimpuestas.

Si se considera sólo lo escrito realmente por Fermat en su conjetura, que n debe ser mayor que 2. La conjetura puede plantearse con la siguiente ecuación diofántica:

$$Ax^n + By^n = Cz^n$$

Para que las literales "x", "y" y "z" tengan soluciones enteras. Aunque yo agregaría, que las soluciones sean naturales para descartar valores iguales a cero o incluso tratar de concebir cubos negativos. Así, estaríamos incluyendo a todos los cubos o números de potencias superiores.

El uso de números multidimensionales para formar enteros cúbicos o números de cualquier potencia superior a cero no debe descartarse para demostrar que la conjetura de Fermat sí es posible ya que aritmética, gráfica y físicamente se puede constatar lo que se muestra en el ejemplo de la imagen 83 usando dimensiones cúbicas enteras:

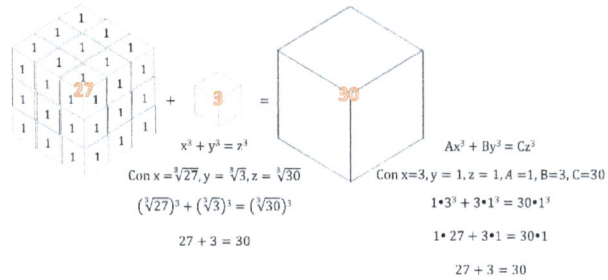

Imagen 83.

Como mencioné, usando la ecuación:

$$Ax^n + By^n = Cz^n$$

Es posible incluir a todos los cubos y potencias y convertirlas en sumas de dos potencias de la misma clase generadas con exponentes superiores a 0. Si nos encontráramos con términos del tipo:

$$5x^3$$

Que desde la concepción algebraica tradicional se leería como 5 veces "x" cúbica, cuando x vale 1, 2 o 3, su modelización sería como los casos que se muestran en la imagen 84:

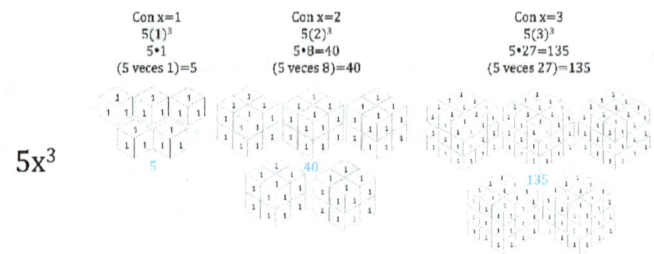

$5x^3$

Imagen 84.

En el contexto de los números multidimensionales de la forma:

$$H = m^n b$$

La expresión $5x^3$ puede expresarse como $x^3 5$ para tomar la forma de un número H y modelizarse como se muestra en la imagen 85.

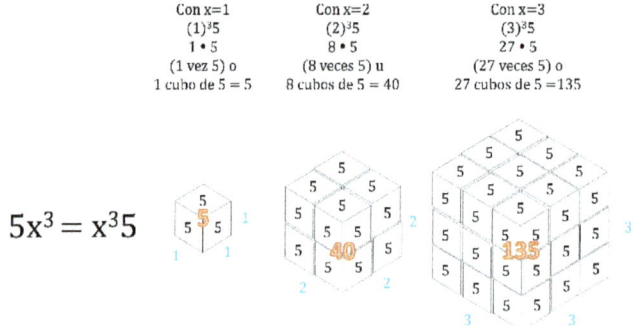

$$5x^3 = x^3 5$$

Imagen 85.

Así, la literal tomaría un valor entero y se cumpliría con la premisa que establecen las ecuaciones diofánticas y la misma conjetura de Fermat.

Como puede intuirse, el término $5x^3$ para cualquier valor entero de x puede representarse como cubo entero geométricamente perfecto desde la concepción de los números multidimensionales.

Por otra parte, si bien es sabido que el orden de los factores no altera el producto, es claro que, cuando se trabaja con números multidimensionales, el orden de los factores si permite concebir el producto desde una perspectiva diferente como se muestra en la imagen 85.

Puede darse cuenta de que trabajando con la ecuación $Ax^n + By^n = Cz^n$. Las literales: "x", "y" y "z" pueden tomar cualquier valor entero y equivalen a "m". A, B y C equivalen a "b" y pueden tomar cualquier valor entero y la forma que indique "n" que también puede tomar cualquier valor entero. Así, todos los términos de la ecuación pueden ser números multidimensionales de la forma $H=m^n b$ para satisfacer la ecuación que se presente. E insisto, para concebirlos de forma más clara podríamos hablar de valores naturales en lugar de enteros.

Me parece interesante hacer notar que, si se tuviera un término igual a $8x^3$ y "x" tomara valores de 1, 2 y 3, los casos se podrían modelizar como números multidimensionales como se muestran en la imagen 86.

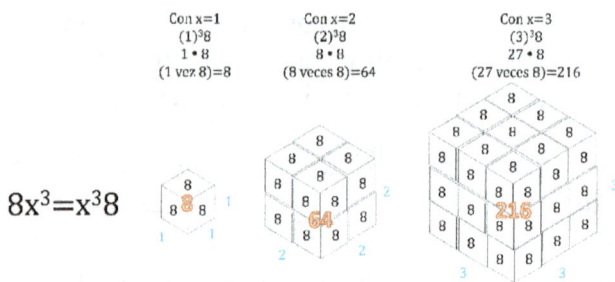

$$8x^3=x^3 8$$

Imagen 86.

Observe que los números multidimensionales que se obtienen son: 8, 64 y 216. Si bien estos tres números son considerados como cubos aritméticamente perfectos porque podrían surgir de elevar al cubo a los números 2, 4 y 6 respectivamente. En la imagen 86 se puede ver que los cubos 8, 64 y 216 son cubos geométricamente perfectos por la forma que adoptan al momento de configurarse como números multidimensionales y no desde la perspectiva aritmética tradicional.

Recuerde que b, siempre toma la forma que indica el exponente n. Si el arreglo m^n es cuadrado, el número base de generación b tomará una forma de ese tipo, si el arreglo es cúbico, el número base de generación b tomará forma de cubo, y si n fuera mayor que 3, tomaría la forma correspondiente que yo no puedo imaginar.

El teorema de Pitágoras que tradicionalmente se resuelve con la ecuación

$$h^2 = c_1{}^2 + c_2{}^2$$

Se puede resolver con números multidimensionales con la ecuación $Ax^n + By^n = Cz^n$ como se muestra en la imagen 87. Con n=2 Suponiendo que se quisiera encontrar el cateto del triángulo que aparece.

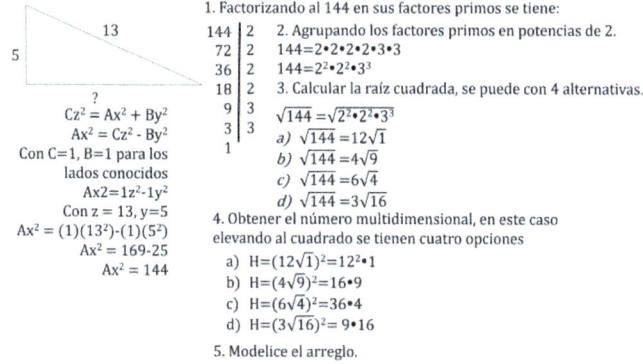

1. Factorizando al 144 en sus factores primos se tiene:

2. Agrupando los factores primos en potencias de 2.
$$144 = 2 \cdot 2 \cdot 2 \cdot 3 \cdot 3$$
$$144 = 2^2 \cdot 2^2 \cdot 3^3$$

3. Calcular la raíz cuadrada, se puede con 4 alternativas.

$$\sqrt{144} = \sqrt{2^2 \cdot 2^2 \cdot 3^3}$$

a) $\sqrt{144} = 12\sqrt{1}$

b) $\sqrt{144} = 4\sqrt{9}$

c) $\sqrt{144} = 6\sqrt{4}$

d) $\sqrt{144} = 3\sqrt{16}$

4. Obtener el número multidimensional, en este caso elevando al cuadrado se tienen cuatro opciones

a) $H = (12\sqrt{1})^2 = 12^2 \cdot 1$

b) $H = (4\sqrt{9})^2 = 16 \cdot 9$

c) $H = (6\sqrt{4})^2 = 36 \cdot 4$

d) $H = (3\sqrt{16})^2 = 9 \cdot 16$

5. Modelice el arreglo.

Imagen 87.

La solución podría modelizarse con cualquiera de las cuatro alternativas que se muestran en la imagen 88.

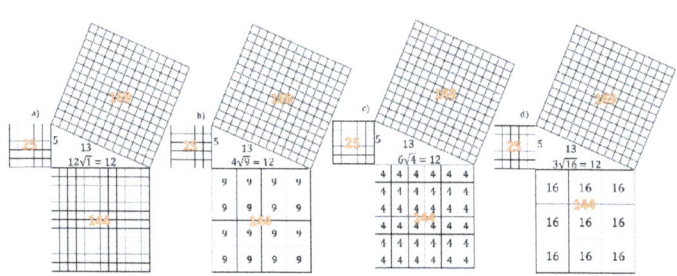

Imagen 88.

De esta manera, el teorema de Pitágoras entraría en la siguiente conjetura:

Con números multidimensionales, es posible obtener la suma de 2 potencias de la misma clase, cuando n sea mayor que cero.

Usando la ecuación:

$$Ax^n + By^n = Cz^n$$

Dese la oportunidad de reconocer las unidades relativas y las cantidades continuas de las que dio cuenta Julio S. Hernández a finales del siglo XIX, porque permiten concebir números cúbicos en el mundo físico ya que pueden asumir incluso las formas que se nos antojen.

El canal Universo matemático en su vídeo Fermat, el margen más famoso de la historia, cita que Fermat declaró "Que, aunque todos los matemáticos del mundo dedicaran la eternidad a buscar las soluciones de ecuaciones de la forma:

$$x^n + y^n = z^n$$

Siempre que n sea mayor de dos, jamás las encontrarían…Por una razón muy simple no existen.".

Andrew Wiles demostró que la ecuación $x^n+y^n=z^n$ no tiene solución, su trabajo de más de siete años merece los reconocimientos y honores que ha recibido porque es un genio. Sin embargo, de lo que trata la conjetura de Fermat tal y como la redactó, es sobre la imposibilidad de adicionar 2 cubos o 2 potencias de grado superior para conseguir una suma de la misma clase que los sumandos y como lo he planteado, esa imposibilidad no existe con los números multidimensionales y aplicando una ecuación diferente que cumpla con lo postulado por Fermat.

En mi opinión Fermat tuvo parcialmente razón con su declaración, no existían los números multidimensionales, pero si había cantidades continuas. A veces no se requiere de la eternidad para encontrar soluciones, sólo de un cambio de paradigma.

Como ya he mencionado, si se considera la ecuación $Ax^n + By^n = Cz^n$, para realmente incluir a todos los cubos y a todas las otras potencias de clase o grado superior, podemos darnos cuenta de que, si existe la posibilidad de conseguir dicha suma con valores enteros y preferentemente naturales para "x", "y" y "z" con n mayor que cero.

Por otra parte, si consideramos que b puede ser cualquier número incluso un número quebrado, es posible concebir números multidimensionales no necesariamente enteros. Por ejemplo, con

$$H = m^n b \ \text{ si } b = \frac{a}{c} \implies H = m^n \frac{a}{c}$$

$$\text{Con } m, n, a \wedge c \in \mathbb{N}, c > 1 \wedge c > a$$

Es decir, considerando que m, n, a y c pertenecen al conjunto de los números naturales y que c debe ser mayor que 1 y mayor que "a". para que el número base de generación b sea un quebrado.

$$\text{Si } m=2, n=3 \text{ y } b= \frac{1}{32}$$

$$H=m^n \bullet b = 2^3 \bullet \frac{1}{32}, H = 8 \bullet \frac{1}{32} = \frac{8}{32} = \frac{1}{4}$$

Se podría obtener un número multidimensional igual a un cuarto que luciría como el cubo quebrado geométricamente perfecto de la imagen 89:

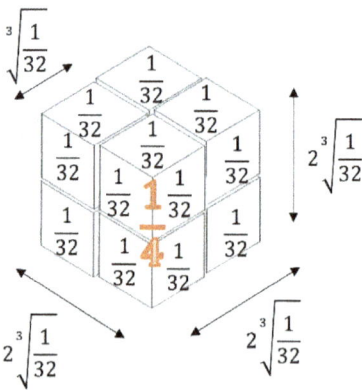

Imagen 89.

E incluso, se podrían tener cubos perfectos que se representen con números mixtos como el que se exhibe en la imagen 90.

$$H = m^n b$$

Si $m=2$, $n=3$ y $b = \frac{1}{3}$

$$H = 2^3 \cdot \frac{1}{3}, H = 8 \cdot \frac{1}{3} = \frac{8}{3} = 2\frac{2}{3}$$

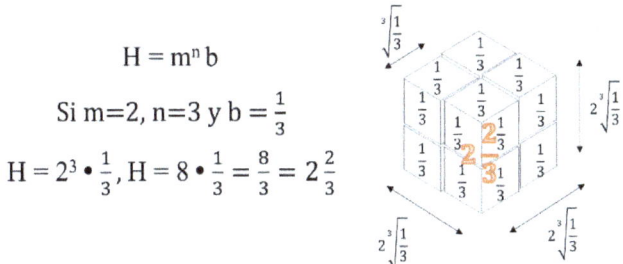

Imagen 90.

Estos dos últimos cubos, no tendrían dimensiones enteras, pero esas serían otras historias…

Espero que esta aportación de la conceptualización de los números multidimensionales le resulte interesante, le permita concebir a los números desde otra perspectiva, que contribuya con su desarrollo y amplíe su capacidad para manipular números.

¿Para qué pueden servir y qué se puede hacer con los números multidimensionales? Se me vienen a la mente algunas aplicaciones relacionadas con la informática y espero que usted encuentre otras tantas que nos permitan hacer un mundo mejor.

Cierro este documento con una extraordinaria frase que le escuché a mi amigo Hugo Castro Aranda.

¡Qué el pensamiento no se detenga!

Referencias.

[1] N.C Castañeda y C. Castañeda, (2022) Una mirada a los números cuadrados triangulares, Miscelánea matemática 75. https://miscelaneamatematica.org/Doi/438

[2] R.H. López, (2016) Análisis de las leyes de la Gestalt y su aplicación en materiales didácticos para niños de educación inicial II, Tesis de grado. https://repositorio.pucese.edu.ec/bitstream/123456789/905/1/LOPEZ%20ORTIZ%20%20RONALD%20HERNAN.pdf

[3] J.A. García y A. Martiñón, (1998) Números poligonales, Educación matemática Vol. 10 No 3. http://www.revista-educacion-matematica.org.mx/descargas/Vol10/3/09Garcia.pdf

[4] J.S. Hernández, (1899) El cuarto año de Aritmética, cálculo de números sin límite, Oficina TIP De la secretaria de Fomento, Vol. IV.

[5] Gracian Juan (1573); Tratado de matemáticas en que se contienen cosas de aritmética, geometría, Cosmografía y Filosofía Natural... http://bdh.bne.es/bnesearch/detalle/2691538

[6] A. Reghini, La Tetraktys pitagórico y el delta masónico, Recuperado de

https://eruizf.com/martinismo/doc/arturo_reghini_la_t
etraktys_pitagorica_y_el_delta_masonico.pdf

[7] El último teorema de Fermat Derivando

https://www.youtube.com/watch?v=vgIDioogFQw.

[8] Universo Matemático – Fermat, el margen más
famoso de la historia
https://www.youtube.com/watch?disculpen
v=MW8YMMuAhHQ

[9] A. Del Río, (2005) El reto de Fermat, Nivola
libros y ediciones.

[10] C. J. Luque, L.C. Mora, J. E Páez (2013)
Actividades Matemáticas para el desarrollo de
procesos lógicos, Universidad Pedagógica Nacional.

[11] BBC News mundo, Qué es el último teorema de
Fermat y por qué los matemáticos demoraron 3 siglos
resolverlo.
https://www.youtube.com/watch?v=BbvVlPMrQ3c

[12] S. Singh, (1997) El enigma de Fermat, Nivola
libros y ediciones.

[13] Amir D. Aczel, (2003) El ultimo teorema de
Fermat, Fondo de cultura económica.

[14] Vallejo José Mariano, (1839) Compendio de
matemáticas puras y mistas, Imprenta Garrasayaza.

Hugo Rodríguez Carmona, Es licenciado en ciencias de la informática, egresado de la Unidad Profesional Interdisciplinaria de Ingeniería y Ciencias Sociales y Administrativas (UPIICSA) del Instituto Politécnico Nacional y estudió la licenciatura en Psicología, en la Facultad de Psicología de la Universidad Nacional Autónoma de México.

Colaboró en instituciones gubernamentales y empresas privadas tanto nacionales como trasnacionales. Entre las que destacan: La Secretaría de hacienda y Crédito Público, Banca Serfín, Banamex, en KPMG-Peat Marwick Consulting, y J.D. Edwards y ha proporcionado servicios de consultoría a empresas de diversos giros.

Fue profesor de asignatura en la UPIICSA del IPN y profesor investigador, fundador de la Universidad Tecnológica de Nezahualcóyotl.

Es socio activo de la Ilustre y Benemérita Sociedad Mexicana de Geografía y Estadística, la sociedad científica y cultural más antigua de América (Fundada en 1833), que lo galardonó con la medalla Ignacio Manuel Altamirano por su trabajo en la formación de docentes.

Fundó y dirige el proyecto ¡Matemática sin dolor! Donde coordina la iniciativa gratuita para lograr que a 10,000 mexicanos les hagan los mandados los quebrados y las fracciones y es creador de algunos materiales didácticos entre los que destacan los Desquebra/2.

En el 2011, ganó en México el primer lugar del Tercer Concurso Nacional de "La participación Social en la Educación" organizado por la Secretaría de Educación Pública y el CONAPASE, por la mejor estrategia para enseñar matemáticas aportada por la sociedad civil.

Es parte del directorio de especialistas en matemáticas que administra The Mathematics Education into the 21st Century Project.

Ha impartido talleres y conferencias en foros nacionales e internacionales.

Y proporciona asesoría para conseguir que las personas mejoren su situación financiera, ahorrando e invirtiendo para desarrollar, consolidar y proteger su patrimonio.